一道色、香、味、形俱全的家常菜品，不仅可以在朋友聚会中让你大显身手，还可以增进朋友之间的感情。

新编精选
家常菜大全

桑楚 主编

北京联合出版公司
Beijing United Publishing Co.,Ltd.

图书在版编目（CIP）数据

新编精选家常菜大全 / 桑楚主编 . —北京：北京联合
出版公司，2014.5（2024.11 重印）

ISBN 978-7-5502-2991-4

Ⅰ . ①新… Ⅱ . ①桑… Ⅲ . ①家常菜肴 – 菜谱
Ⅳ . ① TS972.12

中国版本图书馆 CIP 数据核字（2014）第 092978 号

新编精选家常菜大全

主　　编：桑　楚
责任编辑：昝亚会　徐秀琴
封面设计：韩　立
内文排版：吴秀侠

北京联合出版公司出版
（北京市西城区德外大街 83 号楼 9 层　100088）
鑫海达（天津）印务有限公司印刷　新华书店经销
字数 150 千字　787 毫米 ×1092 毫米　1/16　15 印张
2014 年 5 月第 1 版　2024 年 11 月第 4 次印刷
ISBN 978-7-5502-2991-4
定价：68.00 元

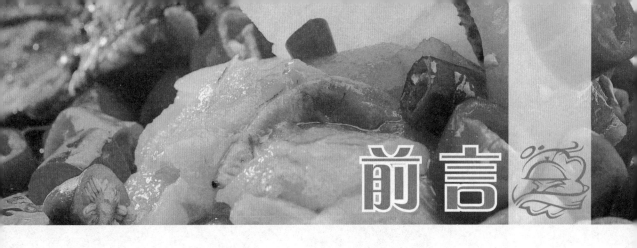

前言

　　随着现代生活节奏的不断加快，越来越多的人没有时间或懒于下厨房，所以将饭店当作自家厨房的"外食族"人数接连增加。然而，餐馆做菜千篇一律，常下馆子难免厌烦，而且餐馆菜品通常是"大火猛料"制成，很容易导致各类健康问题。要想解决这一问题，我们就要回归家庭厨房，回归家常味道。只有家常的味道，才是经典的味道，才是健康的味道，才是百吃不厌的味道。

　　家常的味道，来自于千家万户，来自于老百姓代代相传，就像儿时的记忆，永远深刻。一道可口的家常菜肴，不仅可以保证家人营养均衡和膳食健康，还可以让家人在品味美食之余享受天伦之乐；一道色、香、味、形俱全的家常菜品，不仅可以在朋友聚会中让你大显身手，还可以增进朋友之间的感情。

　　本书精选近500道深受人们喜爱的家常菜，分为"简单易学家常菜""家常川湘菜""家常蒸煮菜""家常小海鲜""家常料理""家常烧烤""美味肉菜""腊味菜肴""大众经典地方菜"等九个部分，系统地介绍了荤食、素食、烧烤、料理、海鲜等各类家常菜的做法。书中详细介绍了各种菜式所用到的材料和调料，烹饪步骤清晰，详略得当，使读者可以一目了然地了解食物的制作要点，易于操作。即便你没有任何做饭经验，也能做得有模有样，有滋有味。

　　只要按照本书的编排，你就能轻松地掌握各类家常菜的制作方法。对于初学者来说，可以从中学习简单的菜色，让自己逐步变成烹饪高手；对于已经可以熟练做菜的人来说，则可以从中学习新的菜色，为自己的厨艺秀锦上添花。掌握了这些家常菜肴的烹饪技巧，你就不必再为一日三餐吃什么大伤脑筋，也不必再为宴请亲朋感到力不从心。不用去餐厅，在家里就能轻松做出丰盛的美食，让家人吃出美味，吃出健康。

　　烹饪的魅力在于"以心入味，以手化食，以食悦人，以人悦己"。如果你想成为一个做饭高手的话，不妨拿起本书。当你按照书中介绍的烹调基础和诀窍，以及分步详解的实例烹调出一道看似平凡、却大有味道的家常菜献给父母、爱人、孩子或亲朋时，不仅能享受烹饪带来的乐趣，还能通过美味传递情感，用美食打开家人的心扉。

目录

7 第7部分 美味肉菜

8 第8部分 腊味菜肴

9 第9部分
大众经典地方菜

第 1 部分

简单易学
家常菜

家常菜，顾名思义，就是日常家中的烹饪美食，也是最有情感味道的家庭菜肴，它们熨帖着我们的胃，温暖着我们的心。对于大多数人来说，厨房的秘密更多地和他们的青春、情感、记忆联系在一起。如妈妈每天炖的汤、烧的菜，虽然没有精美的卖相，也没有出神入化的烹饪技巧，然而，这并不妨碍大多数中国人对家常菜的眷恋……

家常菜烹饪有讲究

　　大家误以为家常菜最好做，因为最简单，其实谁又知道简单的背后却是最难到达的境界呢，这境界恐怕就是"用心"了，所以要想烹饪出鲜嫩适度、清淡爽口的家常菜，其选料和烹饪技巧都有讲究。

用黄酒去腥

　　肉和鱼、虾、蟹都具有腥膻味，烹调时加黄酒，可以去膻腥味。肉和鱼、虾、蟹之所以有腥膻味，是因为它们含有一种胺类物质。胺类物质可以溶于黄酒内的酒精。烹饪时这种胺类物质会在加热的时候随着酒精一起发酵，从而能达到去腥的目的。

用料酒保鲜

　　如果用料酒来腌渍鸡或鱼的话，它可以迅速地渗透进鸡和鱼的内部，从而延长保鲜时间，也有利于甜、咸等各种味道充分地渗透进菜肴中；在烹制绿叶蔬菜的时候，如果加进少量料酒，则可保持叶绿素不被破坏。

巧识油温

　　温油锅，也就是三四成热，一般油面比较平静，没有青烟和响声，原料下锅后周围产生少量气泡。

　　热油锅，也就是五六成热，一般油从四周向中间翻动，还有青烟，原料下锅后周围产生大量气泡，没有爆炸声。

　　旺油锅，也就是七八成热，一般油面比较平静，搅动时会发出响声，并且有大量青烟，原料下锅时候会产生大量气泡，还有轻微爆炸声。

巧拌凉菜

　　拌凉菜时，很多人喜欢先用热水滚烫一下。若用啤酒代替热水，把凉菜放在啤酒中煮，沸腾后立即捞出，然后调制，菜味将更加可口。

炒菜用热水好

　　炒菜时，不要加凉水，因为凉水会使菜变老、变硬不好吃，应该加热（或温）水，这样炒出来的菜又脆又嫩。

炒每道菜前应刷锅

　　不刷锅就炒菜对健康危害很大。因为锅里残留的汁经加热就变焦了，转化成一种很强的致癌物质，变焦蛋白质的致癌作用远高于黄曲霉菌。所以，炒菜前必先刷锅。

冰糖苦瓜

制作时间 **10分钟**

材料 苦瓜500克，冰糖80克，甜椒15克

调料 盐3克

做法

① 苦瓜洗净，剖开去瓤，切块，放入开水中稍烫，捞出，沥干水分，加盐搅拌均匀，装盘。

② 甜椒洗净，切菱形片，入开水中稍烫，捞出撒在苦瓜上。

③ 冰糖加适量水入锅，熬至融化，放凉，淋在苦瓜上即可。

双味芦荟

制作时间 **10分钟**

材料 芦荟200克

调料 蜂蜜、盐、芥末、酱油、味精各适量

做法

① 芦荟洗净，去皮切块，入加蜂蜜的水中焯一下，捞出。

② 将蜂蜜加温水调匀，做成甜味碟。

③ 将盐、酱油、味精调匀，装入味碟，挤上芥末，做成辣味碟。

④ 甜味碟与辣味碟同时上桌，按个人喜好供蘸食。

白玉凉粉

制作时间 **10分钟**

材料 魔芋丝结200克

调料 盐3克，味精1克，醋8克，红椒适量，香菜少许

做法

① 魔芋丝结洗净，入沸水焯熟，装盘待用。

② 红椒洗净，切丁，用沸水焯熟；香菜洗净。

③ 用盐、味精、醋调成汤汁，浇在魔芋丝结上，撒上红椒丁、香菜即可。

老醋蜇头

制作时间 **15分钟**

材料 海蜇头200克，黄瓜50克

调料 盐、醋、生抽、红油、红椒适量

做法

1. 黄瓜洗净，切成片，排于盘中；海蜇头洗净。
2. 红椒洗净，切片，用沸水焯一下待用。
3. 锅内注水烧沸，放入海蜇头焯熟，捞起沥干放凉并装入碗中，再放入红椒。
4. 碗中加入盐、醋、生抽、红油拌匀，再倒入排有黄瓜的盘中即可。

冷水猪肚

制作时间 **130分钟**

材料 猪肚400克

调料 味精3克，盐4克，胡椒粉2克，香油12克，料酒、淀粉、苏打粉、大葱各50克

做法

1. 大葱洗净，切丝。
2. 猪肚治净，用淀粉抓洗，加入苏打粉拌匀，并腌渍2小时。
3. 将腌好的猪肚入沸水锅中，加料酒，氽熟后切条状入碗。
4. 加入香油、胡椒粉、味精、盐调匀，摆上大葱丝即成。

醋泡花生米

制作时间 **15分钟**

材料 红皮花生米300克，红尖椒30克

调料 葱白30克，盐5克，味精3克，陈醋20克，香油10克

做法

1. 红皮花生米洗净，放油锅炒熟，装盘。
2. 葱白洗净切斜段；红尖椒洗净切成椒圈。
3. 把陈醋和所有调味料一起放入碗内，加凉开水调匀成味汁。
4. 将调料汁与花生米、红椒圈一起装盘即可。

凉拌西瓜皮

⏰ 制作时间
20分钟

材料 西瓜皮500克

调料 盐8克，味精5克，麻油15克，花椒2克，蒜2克

做法

① 将西瓜皮洗净，削去外皮，片去瓜瓤，再切成6厘米长的细条。入沸水锅中，加料酒，氽熟后切条状入碗。

② 将西瓜皮放入碗内，加入少许盐、凉开水，腌制约10分钟，挤干水分，放入盘内；花椒洗净；蒜剥去外皮，放砧板上，用木杖捣成泥，放入瓜丝盘内待用。

③ 炒锅上火，放入麻油，烧至七成热，放入花椒，炸出香味，用漏勺去花椒，将热油淋在西瓜丝上，撒上味精，拌匀即可食用。

糖醋萝卜

制作时间 **12分钟**

材料 心里美萝卜500克

调料 白糖20克，醋30克，香油10克

做法

① 将心里美萝卜洗净，去皮，切丝，盛盘。

② 加入白糖、醋、香油拌匀。

③ 装盘即可。

辣味茭白

制作时间 **10分钟**

材料 茭白250克，辣椒50克

调料 盐5克，味精1克，葱花5克，蒜蓉5克

做法

① 茭白洗净后切成细丝；辣椒洗净切成条。

② 锅中加水烧开，下入茭白丝稍焯后捞出。

③ 起锅烧油，下入蒜蓉、葱花、辣椒爆香后加入茭白丝一起拌炒，待熟后调入盐、味精即可。

鸡丝豆腐

制作时间 **15分钟**

材料 豆腐150克，熟鸡肉25克

调料 香菜、花生米、红椒、盐、芝麻、红油、葱花各适量

做法

① 豆腐洗净，入水中烫熟切片；熟鸡肉洗净，撕成丝；香菜、花生米洗净；红椒洗净切丁；油烧热，下花生米炸熟。

② 调味料调成味汁，将味汁淋在鸡丝、豆腐上，撒葱花即可。

大刀苦瓜

制作时间 **18分钟**

材料 苦瓜300克

调料 盐、生抽、豆豉、红辣椒、蒜头各适量

做法

① 苦瓜去瓤洗净，切成条状，入开水中焯至断生；红辣椒洗净，切圈；蒜头洗净，去皮，切蓉。

② 锅置火上，放油烧至六成热，下入红辣椒、蒜头炒香，再下入苦瓜，炒均匀。

③ 加入盐、生抽、豆豉调味，盛盘即可。

拌虾米

 制作时间 15分钟

材料 虾米300克

调料 盐5克,鸡精2克,葱10克,红椒20克,姜10克

做法

① 将红椒洗净,去蒂去籽,切成小片焯水备用。

② 姜去皮切成片;葱洗净切成圈。

③ 锅加热,下入虾米焙香后,取出装入碗内。

④ 在虾米碗内加入红椒片、姜片、葱花及所有调味料,一起拌匀即可。

生拌牛百叶

制作时间 35分钟

材料 牛百叶500克,松子、芝麻、红椒各20克

调料 香油、盐、酱油、陈醋各适量

做法

① 将松子擀碎备用;牛百叶刮去黑皮洗净切成细丝,控净水,放盆内;红椒洗净切丁。

② 加入陈醋、红椒、芝麻,拌匀,腌15分钟。

③ 再放入松子、盐、香油拌匀,腌20分钟即可。

一品鹅肝

制作时间 15分钟

材料 鹅肝100克,香干200克

调料 盐、味精各3克,红椒、香菜段、香油各适量

做法

① 鹅肝洗净,氽水后捞出,切片。

② 香干洗净,焯水后取出,切片,摆在盘边;红椒洗净,切丝。

③ 将鹅肝调入盐、味精拌匀后,置于香干上。

④ 撒上红椒丝、香菜段,刷上香油即可。

卤笋干

制作时间 20分钟

材料 笋干600克,咸菜150克

调料 盐3克,猪油45克,酱油、糖各8克,蒜末适量

做法

① 笋干、咸菜泡水10分钟,洗净切好。

② 笋干、咸菜分别放入滚水中焯烫,捞起,以冷水泡3分钟备用。

③ 油烧热,放入蒜末炒香,加入笋干、咸菜及盐、猪油、酱油、糖、水,小火卤1小时即可。

凉拌马齿苋

制作时间 **8分钟**

材料 马齿苋300克

调料 盐3克，味精、糖各4克，蒜蓉、麻油各少许

做法

1 马齿苋去根洗净。

2 焯水后冲凉装盘。

3 加盐、味精、糖、蒜蓉、麻油拌匀即可。

风味海白菜

制作时间 **4分钟**

材料 鲜海白菜500克

调料 精盐5克，味精2克，麻油50克

做法

1 将海白菜去杂质洗净，入沸水锅内焯透。

2 捞出海白菜，沥干水分切片，放入盘内。

3 加入精盐、味精、麻油，拌匀即成。

泡藠头

制作时间 **7天**

材料 藠头200克

调料 白糖100克，白醋1瓶

做法

1 去除藠头老皮，洗净。

2 将白醋倒入坛中，放入少许白糖，拌匀，制成泡菜水。

3 将洗净的藠头放入坛中，密封，泡一星期，即可食用。

咸口条

制作时间 **40分钟**

材料 猪口条（猪舌）1个，姜1块，葱15克

调料 料酒、辣酱油各10克，盐、香油各5克，味精、白糖各2克

做法

1 将猪口条洗净，入沸水焯烫，捞出，刮去口条的外皮和舌苔，洗净；姜、葱洗净切段。

2 将口条放入清水锅中，用大火煮开，加入调料，改小火煮熟，捞出晾凉，切成薄片。

3 将辣酱油放小碗内，加入白糖、味精和香油调匀，同口条片拌匀即可。

折耳根拌腊肉

⏰ 制作时间 **10分钟**

材料 腊肉300克，折耳根200克

调料 盐5克，味精3克，鸡精2克，麻油5克，辣椒油10克，陈醋5克，辣椒面20克，蒜、香菜各5克

做法

❶ 将折耳根洗净摘成小段；香菜洗净切段；蒜洗净剁成蓉。

❷ 将腊肉洗净切成小片，下入八成热油温中过油后，捞出。

❸ 将腊肉、折耳根、香菜段、蒜蓉和其他调味料一起拌匀即可。

雪里蕻毛笋

⏰ 制作时间 **8分钟**

材料 雪里蕻、毛竹笋各200克

调料 盐2克，味精1克，醋5克，红椒适量

做法

❶ 雪里蕻洗净，切碎段，用热水焯过后，晾干备用。

❷ 毛竹笋、红椒均洗净，切成长条，用沸水焯熟。

❸ 将雪里蕻、毛竹笋、红椒均放入盘中。

❹ 加入盐、味精、醋拌匀即可。

农夫拌兔

制作时间 **15分钟**

材料 兔肉、竹笋、蒜薹、辣椒各适量

调料 盐、料酒、姜、葱、红油、熟芝麻各适量

做法

① 兔肉洗净切块；竹笋、蒜薹洗净切段；辣椒洗净切圈。

② 兔肉入锅，加料酒、姜、葱煮熟；竹笋入开水煮熟，捞出。

③ 油锅烧热，放辣椒、蒜薹、盐、红油炒熟，倒在兔肉与竹笋上，撒上芝麻即可。

凉吃狗肉

制作时间 **50分钟**

材料 狗后腿肉350克，香菜末20克，熟芝麻5克，蒜泥少许

调料 花椒、盐、辣椒油、香油、酱油、醋、味精各适量

做法

① 狗肉入沸水煮至微熟，切薄片，码盘。

② 将熟芝麻擀碎后与花椒、盐拌在一起，装碟。

③ 将调味料兑成调味汁，淋入狗肉内拌匀，撒入香菜末即可。

太白拌肘

制作时间 **15分钟**

材料 猪肘、凉粉各300克

调料 盐4克，味精2克，酱油8克，泡椒80克，葱花、料酒各10克，姜末、蒜末各15克

做法

① 猪肘治净，切块，放入锅中，加盐、酱油、泡椒、料酒煮熟，沥干水分待用。

② 凉粉洗净切丁，焯水，摆盘。

③ 泡椒剁碎。

④ 将猪肘放入盘中，撒上姜末、蒜末和味精调味，拌匀即可。

烧菜

松仁玉米

⏰ 制作时间
13分钟

材料 松仁30克，甜玉米粒10克，青、红椒各50克

调料 盐3克，味精2克，白糖10克，淀粉适量

做法

① 青、红椒去籽洗净切粒；松仁炸熟。

② 将玉米粒洗净，放入沸水中煮熟，取出。

③ 油烧热，炒香青、红椒粒，加入玉米，调入调味料炒匀入味，用淀粉勾芡后，装盘，撒上松仁即成。

牛肝菌扒菜心

⏰ 制作时间
25分钟

材料 牛肝菌400克，菜心200克，鲜汤200克

调料 熟白芝麻15克，盐3克，酱油、适量酱油、适量

做法

① 牛肝菌洗净切片；菜心洗净。

② 锅上火，将菜心炒熟，整齐码在盘中待用。

③ 牛肝菌炒香，下入盐、鸡精、鲜汤烧3分钟，用淀粉勾芡出锅，淋上香油，扒在菜心上即可。

土豆烧鱼

⏰ 制作时间
20分钟

材料 土豆、鲈鱼各200克，红椒1个

调料 盐、味精、胡椒粉、酱油、姜、葱各适量

做法

① 土豆去皮，洗净切块；鲈鱼治净，切大块，用酱油稍腌；葱切丝，红椒切小块，姜切块。

② 将土豆、鱼块入烧热的油中炸熟，至土豆炸至紧皮时捞出待用。

③ 锅置火上加油烧热，爆香葱、姜，下入鱼块、土豆和调味料，烧入味即可。

大妈带鱼

⏰ 制作时间
12分钟

材料 带鱼500克，熟芝麻、干辣椒、香菜少许

调料 盐、味精、醋、酱油、淀粉各适量

做法

① 带鱼治净，切块；干辣椒洗净，切圈；香菜洗净。

② 锅内注油烧热，放入带鱼煎至金黄色，加入干辣椒炒。

③ 再加入盐、醋、酱油炒至熟，加入味精调味，用淀粉勾芡，撒上熟芝麻、香菜即可。

家常芋头

⏰ 制作时间
20分钟

材料 芋头1个，蒜苗150克

调料 盐、豆瓣辣酱、酱油、味精、水淀粉、高汤各适量

做法

① 芋头洗净，去皮，切成块。蒜苗洗净，斜切成段。

② 锅上火加油烧热，倒入芋头，炒片刻后，加盐、豆瓣辣酱、酱油。

③ 炒匀后加高汤，煮5分钟后倒入蒜苗炒匀，用水淀粉收汤并加入味精，出锅。

糖醋黄鱼

⏰ 制作时间 **20分钟**

材料 黄鱼600克，青红椒丝、白糖各适量

调料 醋、盐、淀粉、料酒、姜丝、蒜蓉各适量

做法

① 将黄鱼治净，放入沸水中氽熟，取出放入盘中。

② 锅中注油烧热，放入蒜蓉爆香，加入白糖、醋及各种调料，烧至微滚时用淀粉勾芡，淋于黄鱼面上即可。

农家窝头烧鲫鱼

⏰ 制作时间 **40分钟**

材料 鲫鱼3条，红椒适量，窝头8个，红枣8颗

调料 盐3克，葱20克，酱油、白糖、料酒适量

做法

① 葱洗净；红椒洗净切丝；红枣洗净后放在窝头上，入屉蒸熟；鲫鱼治净。

② 油锅烧热，放入鲫鱼煎透，捞出沥油。

③ 余油烧热，下适量清水，加入盐、酱油、白糖、料酒，把鱼放入炖30分钟后放葱、红椒，稍煮后装盘，将窝头摆盘即成。

老干妈鸭掌

⏰ 制作时间 **15分钟**

材料 鸭掌350克，青、红椒各适量

调料 盐、辣酱、豆豉、醋、香油、蒜末各适量

做法

① 鸭掌洗净；青、红椒分别洗净，切圈。

② 锅内倒入清水，加盐，放入鸭掌煮熟，捞出沥水，摆盘。

③ 油锅烧热，放入青、红椒及辣酱、豆豉、醋、蒜末炒香，起锅倒在鸭掌上，淋上香油即可。

农家烧冬瓜

⏰ 制作时间 **6分钟**

材料 冬瓜300克，红椒、香菜各适量

调料 盐、味精、生抽各适量

做法

① 冬瓜洗净，去皮，切条；红椒洗净，切丝；香菜洗净，切段。

② 热锅下油，放入冬瓜翻炒，加入适量水、红椒。

③ 加入盐、味精和生抽调味，出锅撒上香菜即可。

板栗鸡翅煲

制作时间 **25分钟**

材料 板栗250克，鸡翅500克

调料 白糖8克，盐10克，味精3克，料酒10克，淀粉10克，香油15克，蒜15克，姜10克，葱20克

做法

① 板栗去壳，洗净；鸡翅洗净，斩件，加入调味料拌匀，腌10分钟；蒜去皮洗净剁蓉；姜去皮洗净切片；葱洗净切花。

② 锅中注油烧热，放入腌好的鸡翅稍炸，捞出沥油。

③ 砂锅注油烧热，放入蒜蓉、姜片爆香，加入鸡翅，调入料酒、白糖、清水，加入栗肉同煲至熟，加盐、味精调味，用淀粉勾芡，撒上葱花，淋入香油即可。

小鸡炖蘑菇

制作时间 **80分钟**

材料 小仔鸡、蘑菇各适量

调料 葱、姜、干红辣椒、大料、酱油、料酒、盐、糖、油各适量

做法

① 将小鸡仔洗净，剁成小块；将蘑菇用温水泡30分钟，洗净待用。

② 锅烧热，放入适量油，待油热后，放入鸡块翻炒。

③ 至鸡肉变色后，放入葱、姜、大料、干红辣椒、盐、酱油、糖、料酒，将颜色炒匀，再加入适量水炖10分钟左右，倒入蘑菇，中火炖30分钟即可。

藕片炒莲子

制作时间
10分钟

材料 莲藕400克，莲子200克

调料 盐3克，红椒25克，青椒25克

做法

① 将莲藕洗净，切片。

② 莲子去心，洗净。

③ 青、红椒洗净，切块。

④ 将莲子放入水中，浸泡后捞出沥干。

⑤ 净锅上火，倒油烧热，放入青椒、红椒、莲藕翻炒。

⑥ 再放入莲子，调入盐炒熟即可。

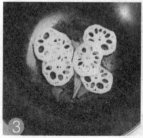
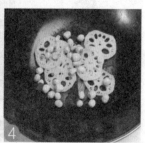

15

炒纽西兰青口

⏰ 制作时间
12分钟

材料 洋葱丝50克，青口、金不换、红椒丝各15克

调料 咖喱酱、星洲汁、盐、姜汁、糖、料酒各适量

做法

1. 锅中注水调入姜汁、料酒、盐、糖煮沸，放入青口焯烫，捞出沥水。

2. 油烧热，放入洋葱丝、金不换、红椒丝爆香，加入青口炒匀。

3. 调入咖喱酱、星洲汁一起炒香，装盘。

八卦鲜贝

⏰ 制作时间
25分钟

材料 鲜贝400克，高汤300克

调料 酱油、糖、米醋、番茄酱、盐各适量

做法

1. 鲜贝洗净，备用。

2. 高汤加盐下锅煮开，倒入一半鲜贝煮熟，捞出沥干备用。

3. 炒锅倒油加热，下入酱油、糖、米醋、番茄酱煮至溶化，倒入剩下的鲜贝翻炒至熟。

4. 将按照两种做法做好的鲜贝分别倒入装饰好的盘中即可。

菜心葱段炒虾蛄
⏰ 制作时间 **15分钟**

材料 菜心、虾蛄各400克，葱20克，红辣椒150克

调料 盐20克，鸡精10克，淀粉100克

做法

① 菜心去头尾，洗净，切段。

② 红椒去蒂托切片；葱留葱白切段。

③ 虾蛄放入烧开的水中焯熟后去壳，再放入烧热的油中炸至金黄，捞出备用。

④ 锅中加油烧热，放入葱段爆香，入菜心、虾蛄一起炒熟，调入调味料，用淀粉勾芡即可。

海鲜炒满天星
⏰ 制作时间 **20分钟**

材料 鲜菇、鲜鱿鱼、虾仁各150克，豌豆100克，红椒30克

调料 盐3克

做法

① 将鲜菇洗净，切段。

② 鲜鱿鱼洗净，打花刀，切丁。

③ 虾仁、豌豆洗净；红椒洗净，切丁。

④ 锅中油烧热，放入鲜菇、鱿鱼、虾仁、豌豆、红椒，调入盐翻炒。

香菜梗爆螺片
⏰ 制作时间 **25分钟**

材料 香菜500克，红椒100克，鲜螺500克

调料 盐4克

做法

① 香菜择去叶留梗，洗净。

② 红椒洗净去蒂去籽切成丝。

③ 鲜螺取肉洗净切成片后，放入沸水中氽烫熟，捞出备用。

④ 炒锅上火加油烧热，爆香香菜梗、红椒，加入螺片，炒香，调入盐炒至入味即成。

尖椒土豆丝

制作时间 **20分钟**

材料 土豆500克，青椒、红椒各50克

调料 米醋、盐、鸡精、花椒油各适量

做法

① 土豆去皮洗净切丝；青、红椒洗净切丝。

② 土豆丝入开水锅中焯至断生。

③ 锅中油烧热，下青椒、红椒丝爆香，放入土豆丝，加盐、鸡精炒匀，淋米醋和花椒油即可。

清炒空心菜

制作时间 **13分钟**

材料 空心菜400克，红椒1个

调料 姜末、蒜末、盐、鸡精各适量

做法

① 空心菜洗净，切段；红椒洗净切丝。

② 大火将油烧热，放入姜末、蒜末炝锅。

③ 将空心菜、红椒倒入锅中快速翻炒50秒，加入盐、鸡精炒匀即可。

香菇蚝油菜心

制作时间 **20分钟**

材料 香菇200克，菜心150克

调料 鸡精3克，酱油5克，蚝油50克

做法

① 香菇洗净，去蒂；菜心择去黄叶洗净。

② 将菜心入沸水中汆烫至熟。

③ 锅置火上，加入蚝油，下入菜心、香菇和所有调味料，一起炒入味即可。

洋葱炒芦笋

制作时间 **20分钟**

材料 洋葱、芦笋各300克

调料 盐3克，味精少许

做法

① 芦笋洗净，切成斜段；洋葱洗净切成片。

② 锅中加水烧开，下入芦笋段稍焯后捞出沥水。

③ 锅中加油烧热，下入洋葱爆炒香后，再下入芦笋稍炒，下入调味料炒匀即可。

蛋丝银芽

制作时间
20分钟

材料 鸡蛋3个，豆芽300克，红辣椒1个，葱2根

调料 盐5克，胡椒粉5克，鸡精3克，香油6克

做法

① 将鸡蛋打散，加少许盐；红辣椒洗净，切丝；葱洗净切花；豆芽洗净，备用。

② 油烧热，入鸡蛋汁，摊成蛋饼，煎至金黄色后，盛起，切成鸡蛋丝。

③ 留底油，下入豆芽和红椒丝，炒熟后，调入盐、鸡精、胡椒粉和香油。起锅，盛入盘中，盖好鸡蛋丝，撒上葱花，即可。

莴笋牛肉丝

制作时间 **12分钟**

材料 莴笋300克，牛肉200克

调料 盐5克，酱油、料酒各适量

做法

① 将莴笋去皮，切成丝。

② 将牛肉洗净切成丝，放入碗中，用酱油与料酒浸泡半小时。

③ 油烧热后，放入牛肉丝下锅，用大火快炒约40秒。

④ 再放入莴笋丝炒约2分钟，调入盐即可。

西蓝花炒鸡块

制作时间 **22分钟**

材料 西蓝花150克，鸡胸肉250克

调料 生抽、蒜、淀粉、白糖、香油、盐各适量

做法

① 鸡胸肉洗净切块，加入白糖、淀粉、生抽拌匀至入味。

② 蒜洗净切成末；西蓝花洗净，掰成小朵，用开水焯烫后捞出，待用。

③ 锅上火放入适量的油，至三成热时加入适量的盐微炒。

④ 倒入鸡丁、蒜末，炒出蒜香时放入西蓝花、白糖、生抽翻炒均匀，调入盐，淋入香油即可出锅。

炒腰片

制作时间 **20分钟**

材料 猪腰1副，木耳50克，荷兰豆，胡萝卜各50克

调料 盐4克

做法

① 猪腰治净，切片；将猪腰余烫，捞起。

② 木耳洗净切片；荷兰豆撕边丝洗净；胡萝卜削皮洗净切片。

③ 炒锅加油，下木耳、荷兰豆、胡萝卜片，大火翻炒。

④ 将熟前下腰片，加盐调味，拌炒腰片至熟即可。

四季豆炒鸡蛋

🕐 制作时间 **13分钟**

材料 四季豆200克，鸡蛋4个，红辣椒1个

调料 盐5克，味精3克，香油5克

做法

① 四季豆、红辣椒洗净切菱形块。

② 鸡蛋打散，备用。

③ 水烧开，放入四季豆，汆烫至熟后，捞起。

④ 炒锅置火上，入油烧热，将打好的鸡蛋汁入锅中，炒成鸡蛋花。

⑤ 再下入四季豆和红辣椒，调入盐、味精、香油，炒匀即可。

韭菜银芽炒河虾

🕐 制作时间 **18分钟**

材料 韭菜100克，绿豆芽、河虾各200克

调料 盐3克

做法

① 韭菜择好洗净，切段。

② 绿豆芽洗净，沥干。

③ 河虾洗净，备用。

④ 锅中倒油烧热，下入河虾炒至变色，加入韭菜和绿豆芽炒熟。

⑤ 下盐，调好味即可出锅。

干炒百合腰豆

🕐 制作时间 **17分钟**

材料 虾干20克，百合、腰豆各100克，莴笋100克

调料 盐3克，味精2克，葱白20克，红椒1个

做法

① 虾干泡软；葱白洗净切段；红椒切片；莴笋去皮切菱形块。

② 百合择成片洗净；腰豆洗净，皆放沸水中烫后捞出。

③ 烧热油，爆香椒片、葱白，放入所有原材料，调入盐、味精，炒匀炒熟即成。

蒜薹炒鸭片

 制作时间
15分钟

材料 鸭肉300克，蒜薹100克，子姜1块

调料 酱油5克，盐3克，黄酒5克，淀粉少许

做法

① 鸭肉洗净切片；姜洗净拍扁，加酱油略浸，挤生姜汁，与酱油、淀粉、黄酒拌入鸭片备用。

② 蒜薹洗净切段下油锅略炒，加盐炒匀备用。

③ 锅洗净，热油，下姜爆香，倒入鸭片，改小火炒散，再改大火。

④ 倒入蒜薹，加盐、水，炒匀即成。

芥蓝炒银雪鱼

制作时间
15分钟

材料 芥蓝500克，银雪鱼1条，木耳20克

调料 盐、蒜、糖、鸡精各10克

做法

① 银雪鱼治净，切块；芥蓝洗净，去头，切菱形。

② 木耳水泡后切成条；蒜去皮洗净。

③ 油烧热，放入银雪鱼用慢火煎至干。

④ 油烧热，放入蒜头爆香，加入银雪鱼、芥蓝、木耳翻炒至熟，入调味料，即可。

泡椒鸡胗

⏰ 制作时间 **20分钟**

材料 鸡胗500克，野山椒20克，红泡椒20克

调料 盐5克，鸡精2克，胡椒粉2克，蒜10克，姜10克

做法

1. 鸡胗洗净切十字花刀；蒜去皮洗净切片；姜洗净切片。

2. 锅上火，注入清水适量，调入少许盐，水沸放入鸡胗焯烫，至七成熟捞出，沥干水分。

3. 锅上火，油烧热，放入姜片、蒜片、野山椒、红泡椒炒香。

4. 加入焯好的鸡胗，调入盐、鸡精、胡椒粉炒至熟，即可装盘。

酸豆角炒鸡杂

⏰ 制作时间 **15分钟**

材料 酸豆角200克，鸡杂150克，指天椒20克

调料 盐2克，味精3克，酱油5克

做法

1. 将酸豆角稍泡去掉咸味后，切成长段。

2. 鸡杂洗净切麦穗花刀，再用盐、酱油腌渍一会。

3. 油烧热，下入鸡杂、酸豆角。

4. 加指天椒，爆炒熟，调味即可。

23

韭菜苔炒虾仁

制作时间 **10分钟**

材料 韭菜苔200克，虾仁200克

调料 味精3克，盐5克，鸡精2克，姜5克

做法

①韭菜苔洗净，切成段；姜洗净切片。

②锅上火，加油烧热，下入虾仁炒至变色。

③再加入韭菜苔、姜片，炒至熟软后，调入调味料即可。

鲜蚕豆炒虾肉

制作时间 **15分钟**

材料 鲜蚕豆250克，虾肉80克

调料 香油、生抽各5克，盐3克

做法

①将虾肉洗净，用盐水浸泡，捞出沥干。

②蚕豆去壳，洗净，焯水，捞出，沥干。

③油锅烧热，将蚕豆放入锅内，翻炒至熟，盛盘待用。

④油烧热，加入虾肉、香油、生抽、盐炒香，倒在蚕豆上即可。

第 2 部分

家常
川湘菜

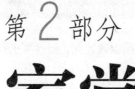

民 以食为天，食以味为先。中餐饮食因地域不同，而有了截然不同的口味和特色。经过几千年的演化和不断创新，形成了经典的八大菜系，川菜和湘菜更是其中翘楚。正宗的川味主要由7种基础味道调制而成，它们分别是"酸、甜、苦、辣、麻、香、咸"。这7种味道组合、兼并、交叉、转换，形成了各具特色的味道，使得川味千变万化、博大精深、深入人心。湘菜最讲究的是口味，这种口味醇厚，与辣糅合，形成一种独特的风味……

川湘菜的烹饪秘笈

湘菜与川菜简直像是姐妹，都以辣著称，但湘菜主要以酸辣为主，川菜主要以麻辣为主，其烹饪方法也各有讲究。

川菜的特色烹调法

急火快炒

急火快炒是川菜中颇具特色的烹调方法。炒这种烹饪方法有一个显著的特点：成菜迅速。营养学家认为炒是比较科学的一种烹饪方法，因为它加热时间不长，成菜迅速，对原料中包含的营养成分破坏极小。爆炒、熘炒都属于这一类烹饪方法，成菜细嫩鲜香，突出原材料的嫩，突出过程的快。

干煸

干煸是川菜中很有特色的一种烹调方法，成菜具有干香酥软的特点，确切地说，干煸是一种"将经过适当加工处理的原料放入锅内干炒至酥至香"的一种菜肴制作方法。在采用干煸法制作菜肴时，要根据原料的不同特点采取不同的方法，将原料体内的水分收干。干煸的材料不论荤素，都是既不上浆也不挂糊，只有这样，在制作时才能适用于干煸，才能显示干煸的特点。在干煸过程中，火候的运用十分重要，这被看做是菜肴制作的"核心"。

油爆

油爆是川菜中最常用的烹调方法之一，属于爆炒的范畴。成菜形状美观，嫩脆滑爽，紧汁亮油。油爆是指将用刀切好的小型材料先水煮四分熟后取出，沥干水分，立刻放入八九成热的油锅中炸至七分熟即捞出，然后再将沥过油的材料放入小油锅中，将事先准备好的勾芡汁倒入，调匀，这时材料刚好成熟即完成，不但口感好，而且成菜美观。

干烧、家常烧

干烧是指主料经过油炸后，另炝锅加调辅料添汤干烧，一般的烧菜做后要加水淀粉勾芡，但是干烧不同，它的汤汁的收稠不是靠"勾芡"来完成，而是将其上火，慢慢将水分收干，使汤汁变稠。

家常烧是指在某些菜肴中以"四川郫县豆瓣"为其主要调味品，并且以豆瓣酱本身所固有的"咸辣"之味作为所制菜肴的"主体味型"，这在川菜中通常被称为"家常"，这种方法所制作的菜肴历来被认为是川菜中的名馔佳肴。

湘菜的烹调方法

炖

炖是指把食物原料加入汤水及调味品，先用旺火烧沸，然后转成中小火，长时间烧煮的烹调方法，属火功菜技法。炖分为隔水炖和不隔水炖。隔水炖是指将原料装入容器内，置于水锅中或蒸锅上用开水或蒸汽加入热炖制；不隔水炖是指将原料直接放入锅内，加入汤水，密封加入热炖制。

炸

炸是以食油为传热介质的烹调方法，特点是旺火、用油量多。用炸法加入热的原料大部分要间隔炸两次。用于炸的原料在加入热前一般须用调味品浸渍，加入热后往往随带辅助调味品上席。炸制菜肴的特点是香、酥、脆、嫩。

蒸

蒸是指把经过调味后的食品原料放在器皿中，再置入蒸笼利用蒸汽使其成熟的过程。根据食品原料的不同，可分为猛火蒸，中火蒸和慢火蒸三种。湘菜中"腊味合蒸"、"骨汁蒸排骨"、"湘菜扣肉"等，都采用蒸的做法。

焖

焖是将加入工处理的原料，放入锅中加入适量的汤水和调料盖紧锅盖烧开，改用中火进行较长时间的加入热，待原料酥软入味后，留少量味汁成菜的多种技法总称。按预制加热方法分为原焖、炸焖、爆焖、煎焖、生焖、熟焖、油焖；按调味种类分为红焖、黄焖、酱焖、原焖、油焖。"黄焖田鸡"就是湘菜中典型的焖菜，柔软酥嫩。

焯

用焯法成菜一般以汤作为传热介质，成菜速度较快，是制作汤菜的专门方法。这种方法特别注重对汤的调制。它包括清焯和浓焯两种焯菜方式。选较嫩的原材料，切成小型片、丝或剁茸做成丸子，在含有鲜味的沸汤中焯熟。也可先将原料在沸水中烫熟，装入汤碗内，随即浇上滚开的鲜汤。

煨

古作埋入炭灰至熟的方法，现在于湖南、江西等地方使用。今指利用姜葱和汤水使食物入味及去除食物本身异味的加工方法。将加工处理的原料先用开水焯烫，再放砂锅中，加适量的汤水和调料，用旺火烧开，撇去浮沫后加盖，改用小火长时间加热，直至汤汁黏稠，原料完全松软。

烩

烩是指将原料油炸或煮熟后改刀，放入锅内加辅料、调料和高汤烩制的方法。具体做法是将原料投入锅中略炒，或在滚油中过油，或在沸水中略烫之后，放在锅内加水或浓肉汤，再加作料，用武火煮片刻，然后加入芡汁拌匀至熟。这种方法多用于烹制鱼虾和肉丝、肉片，如烩鱼块、鸡丝之类。

川 菜

麻婆豆腐

制作时间 10分钟

材料 豆腐300克

调料 盐、豆瓣酱、淀粉、葱花各5克，花椒10克，辣椒油25克

做法

① 豆腐洗净切成四方小丁，焯熟；葱洗净切成末。

② 油烧热，下入豆瓣酱炒至出味，下入辣椒油、花椒和水。

③ 下入豆腐烧5分钟，加入其他调味料后勾芡，撒上葱花即可。

酸菜米豆腐

制作时间 35分钟

材料 酸菜80克，米豆腐250克、葱、红椒适量

调料 盐、料酒、红油、高汤、味精、水淀粉各适量

做法

① 酸菜切碎；米豆腐切块；红椒切末。

② 油烧热，入酸菜、红椒末炒香，注入高汤烧开，放入米豆腐煮20分钟。

③ 调入盐、味精、料酒、红油拌匀，以水淀粉勾芡，起锅装盘，撒上葱花即可。

油焖笋干

制作时间 13分钟

材料 笋干300克

调料 盐、生抽、香油、淀粉各适量

做法

① 将笋干泡发洗净，切段。

② 炒锅置火上，倒入适量油烧热，下入笋干煸炒至八成熟，用淀粉勾芡。

③ 再下入盐、生抽大火翻炒，出锅前淋入香油即可。

夫妻肺片

⏰ 制作时间
10分钟

材料 牛肉、牛肚各200克，尖椒适量

调料 盐3克，辣椒油15克，芝麻油5克，熟芝麻、花生碎各少许

做法

① 牛肉、牛肚洗净切片，放入沸水中汆熟，捞起沥水。

② 青椒洗净，切圈。

③ 在切好的牛肉、牛肚中加入青椒圈、盐、辣椒油、芝麻油，拌匀装盘。

④ 撒上熟芝麻、花生碎即可。

咸烧白

⏰ 制作时间
130分钟

材料 五花肉200克，芽菜末30克

调料 盐、姜粒、葱、生抽、白糖、糖色各3克

做法

① 猪肉治净，入锅煮至断生，抹上糖色。

② 油锅烧热，放入五花肉炸至棕红色，浸软后切片。

③ 在切好的五花肉上加糖色、白糖、生抽、盐拌匀。

④ 肉片摆入蒸碗，碎芽菜加入姜末、葱粒后拌匀，放于肉上面，入笼蒸2小时即可。

水煮肉片

⏰ 制作时间
20分钟

材料 瘦肉200克，芹菜少许

调料 干椒50克，蛋液、花椒、盐、豆瓣酱各适量，葱、姜、蒜各少许

做法

① 瘦肉洗净切片，裹上蛋液；姜、蒜去皮洗净后切片；葱洗净切花；干椒切碎。

② 姜、蒜爆香，加盐炒熟后盛碗。

③ 油锅烧热，爆香干椒、花椒、豆瓣酱，下芹菜、肉片煮熟，盛入碗中，撒上葱花即可。

酱香烧肉

制作时间 **60分钟**

材料 猪肉500克，榨菜适量

调料 葱、红椒各10克，盐3克，酱油、醋各适量

做法

①猪肉治净，入沸水中氽一下水，捞出沥干，在表皮面打上花刀，抹上一层酱油。

②榨菜切末；葱洗净，切花；红椒去蒂洗净，切粒。

③锅下油烧热，放入猪肉稍微煎一下，加入适量清水。

④放入榨菜，加盐、醋调味，烧至熟透后盛盘，撒上葱花、红椒粒即可。

老醋泡肉

制作时间 **18分钟**

材料 卤猪肉300克，青、红椒及花生米各80克

调料 盐、味精、香油各4克，陈醋200克

做法

①卤猪肉切大片，摆入碗中。

②青、红椒均洗净，切圈。

③花生米洗净，与青、红椒圈同入油锅中炸熟后装入肉碗中。

④将陈醋、盐、味精、香油倒入肉碗中，浸泡片刻即可。

水煮血旺

制作时间 **30分钟**

材料 猪血300克，麦菜100克，芹菜段50克

调料 盐、豆瓣酱、干辣椒末、葱末、姜末、蒜末、香菜各适量

做法

①麦菜洗净；猪血切片。

②干辣椒末入锅炒香，加入豆瓣酱、姜末、蒜末爆香。

③再放入麦菜炒至断生，装碗。

④锅中加清汤，放入猪血煮熟，调入盐、葱末，盛碗，烧热油淋于其上即可。

大盘肉

制作时间
30分钟

材料 五花肉200克，泡椒200克，卤水适量

调料 蒜肉15克，姜片10克，盐3克，味精3克

①将五花肉洗净入沸水中氽烫，捞出备用。

②锅中放卤水，下入五花肉卤制40分钟，取出切片。

③锅中放入少许油，将肉片炒出油。

④下入姜、蒜、泡椒、盐和味精焖至入味即可。

泼辣酥肉

制作时间 **30分钟**

材料 五花肉500克，干辣椒20克

调料 盐、味精、酱油、葱、水淀粉各适量

做法

① 五花肉洗净，切块；干辣椒洗净，切段；葱洗净，切花。

② 锅中注油烧热，将肉块蘸上水淀粉放入油锅中炸至酥脆。

③ 再注入清水，放入干辣椒焖煮。

④ 熟后加入盐、味精、酱油调味，最后撒上葱花即可。

赤笋炒腊肉

制作时间 **18分钟**

材料 腊肉200克，赤笋100克，蒜苗、泡椒各30克

调料 盐3克，姜末、蒜末各5克，老抽适量

做法

① 腊肉洗净切片；赤笋、蒜苗洗净切段。

② 锅内注水烧热，下赤笋焯水，捞出。

③ 锅中下油烧热，下姜、蒜末爆香，放腊肉、赤笋翻炒均匀。

④ 转小火，调入盐、老抽、泡椒炒至八成熟。

⑤ 再放入蒜苗略炒片刻，起锅装盘即可。

鱼香肉丝

制作时间 **20分钟**

材料 里脊肉200克，木耳丝50克，葱粒10克

调料 泡椒、泡姜丝、蒜、盐各5克，白糖、酱油、醋、料酒各2克，水淀粉少许

做法

① 肉丝加入料酒、盐码味。

② 将白糖、醋、酱油、料酒、水淀粉调成鱼香汁。

③ 油锅烧热，下入肉丝炒散盛出。

④ 将泡椒、泡姜丝、蒜炒香，下入木耳、肉丝炒入味，下入葱粒，加入鱼香汁炒匀。

酸菜小竹笋

制作时间
17分钟

材料 酸菜、罗汉笋各250克，肉末50克

调料 盐8克，味精4克，老抽6克，干椒节10克，姜末、蒜末、糖各5克

做法

① 酸菜洗净切碎，挤去水分备用。

② 罗汉笋洗净切丁，焯水备用。

③ 锅留底油，下入肉末、姜蒜末炒香。

④ 再下入酸菜、罗汉笋，加入其他调味料，炒熟入味即可。

回锅肉

制作时间
25分钟

材料 五花肉400克，蒜苗100克

调料 酱油、白糖、料酒、郫县豆瓣少许

做法

① 蒜苗择洗干净，切马耳朵形。

② 猪肉入开水锅中煮至断生，晾冷，切薄片。

③ 锅置旺火上，下少许油烧热，下肉片炒至"灯盏窝"状。

④ 加入料酒，下郫县豆瓣炒至变色，下酱油、白糖、蒜苗，炒至蒜苗断生，起锅装盘即可。

酥夹回锅肉

制作时间
27分钟

材料 猪腿肉400克，青椒、红椒各1个，蒜苗50克，酥夹20克

调料 郫县豆瓣20克，盐、蒜、料酒各5克，姜1块

做法

① 青、红椒洗净，切丝。

② 蒜苗洗净，切段。

③ 猪腿肉煮熟，取出切片，再入锅爆香，加入除酥夹外的原料炒匀，装入盘中。

④ 将酥夹煎至金黄色，摆在盘边即可。

川辣蹄花

⏱ 制作时间 **25分钟**

材料 猪蹄700克，干辣椒100克

调料 花椒、盐、香油、蒜各3克，料酒2克，姜5克

做法

① 猪蹄洗净斩块，入沸水中氽烫。

② 姜洗净切末；蒜去皮洗净，切菱形小片；干椒切段。

③ 猪蹄煮熟，再入油锅中炸至金黄色，捞出沥油。

④ 锅中留油炒香干辣椒、花椒、姜、蒜，再放猪蹄一起煸香，加入盐、料酒炒匀，出锅前淋入香油即可。

豆花肥肠

⏱ 制作时间 **28分钟**

材料 猪大肠400克，豆腐100克，黑木耳50克

调料 花椒粉、葱花、盐、辣椒酱、黄豆各适量

做法

① 肥肠洗净，煮至七分熟，捞出晾凉，切块。

② 豆腐洗净，氽水装盘；黑木耳洗净；黄豆炸香。

③ 辣椒酱、花椒粉炒香，下肥肠煸炒，再下入黑木耳、黄豆翻炒。

④ 加清水烧开煮至肥肠熟软，调入盐，出锅放在豆腐上，撒上葱花即可。

蒜汁血肠

制作时间
13分钟

材料 血肠400克

调料 姜蒜汁15克，盐3克，酱油适量，醋适量，红油适量

做法

① 血肠洗净，备用。

② 将姜蒜汁、盐、酱油、醋、红油调匀，制成调味汁。

③ 将血肠放入蒸锅，中火蒸约10分钟，熟透后取出，趁热切片，摆盘。

④ 将调味汁淋到摆好的血肠上，或蘸调味汁食用。

泡椒霸王蹄

⏰ 制作时间 **25分钟**

材料 猪蹄1只，泡椒100克

调料 盐3克，红油15克，高汤、料酒、味精各适量、葱花、姜片少许

做法

① 将猪蹄洗净，顺骨缝切一刀，放入汤锅煮透，捞出剔去蹄骨。

② 泡椒洗净，备用。

③ 砂锅内放入高汤、猪蹄、姜、料酒，旺火煮开，再改小火煨熟。

④ 油锅烧热，下入泡椒炒香，放入盐、味精、红油炒匀，淋在猪蹄上，撒上葱花即可。

醋香猪蹄

⏰ 制作时间 **20分钟**

材料 猪蹄300克，黄豆50克

调料 盐3克，醋15克，老抽10克，红油、味精少许

做法

① 猪蹄治净切块；黄豆洗净，煮熟装碗。

② 锅内注水烧沸，放入猪蹄煮熟后，捞起沥干装入另一碗中，再加入少量老抽、盐、味精、醋、红油拌匀。

③ 腌渍30分钟后捞起装入盘中，再向装有黄豆的碗中加入剩余的盐、醋、老抽、红油拌匀后，装入盘中即可。

口水鸡

⏰ 制作时间 **40分钟**

材料 鸡肉500克

调料 盐、水淀粉、料酒、芝麻、蒜末各5克，姜片、花椒、葱花各适量

做法

① 鸡肉洗净，斩块，用盐、水淀粉腌渍待用；锅中放油，将芝麻炒香待用。

② 锅中加水烧沸，下入鸡肉、姜片煮至鸡肉断生捞出，摆盘。

③ 热锅注油，放入花椒、姜、蒜爆香，调入料酒，烧开后倒在鸡肉上，撒上葱花、芝麻即可。

麻辣猪肝

⏰ 制作时间
15分钟

材料 猪肝200克，花生100克

调料 盐5克，味精3克，干椒10克，淀粉、姜、花椒、葱各适量

做法

① 猪肝入清水中浸泡半小时，捞出切成薄片。

② 葱洗净切成葱花。

③ 将干椒、花生、花椒入油锅炸出香味，下入猪肝片炒熟。

④ 加入盐、味精、葱花调味，出锅前用水淀粉勾芡即可。

鲜椒双脆

 制作时间
20分钟

材料 黄喉300克，泡红辣椒80克

调料 盐2克，辣椒酱、酱油、红油各适量

做法

① 黄喉治净，切花刀，入沸水中余一下，捞出沥干备用；泡红辣椒切段。

② 热锅下油，入黄喉翻炒片刻，放入泡红辣椒同炒。

③ 加盐、辣椒酱、酱油、红油炒至入味。

④ 加入清水煮沸，盛碗即可。

干锅腊味茶树菇

制作时间
22分钟

材料 茶树菇300克，腊肉、泡椒、蒜薹各适量

调料 盐3克，酱油15克，料酒5克，红油各适量

做法

① 茶树菇洗净；腊肉洗净切片；泡椒、蒜薹治净。

② 锅中注红油烧热，放入腊肉炒至半熟后，加入茶树菇、蒜薹、泡椒翻炒片刻。

③ 炒至熟后，加入盐、酱油、料酒炒匀，起锅铺在干锅中即可。

干煸牛肉丝

⏰ 制作时间 **12分钟**

材料 牛里脊肉400克，芹菜75克，干椒20克

调料 姜丝、料酒、盐、酱油、郫县豆瓣酱、醋、花椒粉、芝麻油各适量

做法

① 将牛肉去筋洗净，切成丝；芹菜洗净切成4厘米长的段。

② 郫县豆瓣酱剁蓉；干椒切段。

③ 炒锅置旺火上，下油烧至五成热，下牛肉丝反复煸炒至干酥。

④ 加入姜丝、郫县豆瓣酱、料酒、芹菜，在芹菜断生时，放入盐、酱油、醋等调味装盘即成。

剁椒鹅肠

⏰ 制作时间 **17分钟**

材料 鹅肠400克，剁椒100克

调料 盐3克，醋8克，酱油10克，葱少许

做法

① 将鹅肠洗净切段，下入沸水中烫至卷起时，捞出盛入碗中；葱洗净，切花。

② 油锅烧热，下入剁椒炒香，再加盐、醋、酱油调味。

③ 起锅淋在鹅肠上，并撒上葱花即可。

小炒猪心

⏰ 制作时间 **15分钟**

材料 猪心500克，蒜苗20克，红椒少许

调料 盐3克，酱油15克，料酒10克，蒜少许

做法

① 猪心洗净切片；蒜苗洗净切段。

② 红椒洗净切圈；蒜洗净切末。

③ 蒜末入油锅炒香，放入猪心翻炒至变色，再放入红椒、蒜苗炒匀。

④ 倒入酱油、料酒炒熟，调入盐炒匀入味即可。

豆芽毛血旺

制作时间
25分钟

材料 鸭血400克，猪肚、黄豆芽、鳝鱼各50克

调料 干辣椒、料酒、醋、盐、红油各适量

做法

① 将所有材料洗净，鸭血、猪肚切片，鳝鱼、干辣椒切段，黄豆芽焯水装碗。

② 油烧热，入干辣椒炒香，放入鸭血、鳝鱼、肚片和水炖煮15分钟。

③ 再调入盐、料酒、醋、红油调味，起锅倒在装有黄豆芽的碗中即可。

双椒鸭舌

制作时间
15分钟

材料 鸭舌300克，野山椒80克

调料 油、料酒、酱油、糖、盐各适量

做法

① 鸭舌洗净，入水焯一下，去腥待用。

② 油烧热，放入鸭舌翻炒，加料酒、酱油、糖翻炒3分钟后加水没过鸭舌。

③ 加野山椒，盖锅盖用中火焖煮10分钟。

④ 开锅收汁，放盐翻炒后装盘。

宫保鸡丁

⏰ 制作时间
12分钟

材料 鸡脯肉350克，花生仁150克

调料 干辣椒、葱段、水淀粉、盐、料酒各适量

做法

① 鸡脯肉洗净拍松，切丁，氽水，加盐、水淀粉、料酒拌匀。

② 干红辣椒洗净，切段。

③ 将盐、水淀粉、料酒兑成味汁，待用。

④ 热锅下油，放干辣椒、花生炒香，下入鸡丁、葱段炒散，烹入味汁，翻炒至熟即可。

辣椒炒兔丝

⏰ 制作时间
15分钟

材料 兔肉200克，辣椒150克

调料 姜10克，盐3克，味精2克

做法

① 兔肉洗净，切成细丝；辣椒洗净，去籽切成细丝；姜去皮切丝。

② 将兔肉丝与辣椒丝一起入油锅中过油后捞出。

③ 锅上火，加油烧热，下入姜丝爆香。

④ 加入兔肉与辣椒同炒匀后，加入盐、味精调味即可。

泡椒三黄鸡

制作时间 **25分钟**

材料 鸡肉200克，莴笋、泡椒各150克

调料 盐、蒜、野山椒、酱油、红油各适量

做法

① 鸡肉洗净，切小块；莴笋去皮洗净，切条；蒜去皮洗净。

② 热锅下油，入蒜、泡椒炒香后，放入鸡肉、莴笋同炒片刻。

③ 加盐、野山椒、酱油、红油调味。

④ 加少许水烧至熟透，即可盛盘。

芋儿鸡翅

制作时间 **35分钟**

材料 鸡翅中300克，小芋头200克

调料 红油、料酒、酱油、盐、泡椒、鸡精各适量

做法

① 鸡翅中洗净，沥干。

② 小芋头去皮，洗净沥干备用。

③ 油烧热，下鸡翅，调入酱油、料酒和红油稍炒后加入小芋头和泡椒同炒，再加入适量水烧开。

④ 加入盐和鸡精调味，待鸡翅和小芋头均熟透后起锅即可。

松子鱼

制作时间
18分钟

材料 鲜鱼1条

调料 西红柿汁100克，白糖5克，醋10克，淀粉、盐各适量

做法

① 鲜鱼宰杀治净。

② 去骨留头、尾，鱼肉切十字花刀。

③ 鱼肉拍上淀粉，入锅炸至金黄色，置于盘中。

④ 淋上盐、西红柿汁、白糖和醋拌成的糖醋汁即可。

鸳鸯鱼头王

制作时间
25分钟

材料 大鱼头1个，剁椒、朝天椒各100克

调料 盐5克，味精3克，料酒8克，陈醋4克

做法

①将鱼头洗净，去鳞、鳃，剖开。

②朝天椒剁碎，备用。

②将鱼头用所有调味料腌渍；朝天椒炒出味。

③将剁椒、朝天椒分别置于鱼头上面，上笼蒸10分钟即可。

沸腾飘香鱼

制作时间
16分钟

材料 草鱼片400克，淀粉、蛋白液

调料 盐、姜、干辣椒、料酒、花椒粒各适量

做法

①将鱼片用盐、料酒、淀粉和蛋白液抓匀。

②锅中加水，烧开以后将腌制好的鱼片一片片地放入，待鱼片变色以后关火。

③炒锅烧热后入油，放入姜、花椒粒、干辣椒煸炒。

④起锅浇在鱼片上即可。

川式风味鱼

制作时间
14分钟

材料 鱼肉400克，青椒、红椒各适量

调料 盐、料酒、姜各适量

做法

①鱼肉洗净，切片，加盐、料酒腌渍。

②姜洗净，切末。

③青、红椒均洗净，切圈。

④油烧热，入姜末、青椒、红椒炒香，注入清水，再倒入鱼片煮熟，调入盐即可。

酸菜黄鱼

制作时间 **20分钟**

材料 黄鱼450克，酸菜150克

调料 盐、酱油、红油、料酒、干椒、葱各适量

做法

① 黄鱼治净，加盐、料酒腌渍；酸菜洗净，切碎；干椒洗净，切段；葱洗净，切花。

② 油锅烧热，入酸菜稍炒，盛出。

③ 再热油锅，入黄鱼炸至金黄色，放入干椒炒香，注入适量清水烧开。

④ 调入盐、酱油、红油拌匀，撒上葱花，起锅置于酸菜上即可。

大黄鱼镶面

制作时间 **30分钟**

材料 大黄鱼400克，面条、上海青、肉末各适量

调料 盐、香菇末、黄豆酱、水淀粉各适量

做法

① 大黄鱼治净；面条煮熟，过冷水。

② 上海青洗净，对切成两半，入沸水中炒熟捞出。

③ 大黄鱼炸熟，装盘。

④ 锅中留油，入肉末和香菇末，调入盐，加黄豆酱炒熟，用水淀粉勾芡，浇在鱼上，撒上葱花。

⑤ 将面条捞起卷成团，和上海青摆在大黄鱼周围即可。

泡椒目鱼仔

⏱ 制作时间 **18分钟**

材料 目鱼仔、泡椒各200克

调料 盐、味精各3克，酱油10克，红油15克

做法

① 目鱼仔、泡椒洗净。

② 锅中注油烧热，放入目鱼仔炒至收缩变色，倒入泡椒一起炒匀。

③ 放入红油炒至熟，加入盐、味精、酱油调味，起锅摆盘即可。

喜从天降

⏱ 制作时间 **20分钟**

材料 鱼500克，红椒适量

调料 盐3克，味精2克，豉油15克

做法

① 鱼肉治净，备用。

② 红椒洗净。

③ 油锅烧热，下红椒爆香。

④ 加入盐、味精、豉油炒成味汁，加入鱼煎至表皮金黄。

⑤ 加适量清水，煮沸后即可。

干煸牛蛙

制作时间
25分钟

材料 牛蛙肉500克，干椒50克

调料 盐4克，豆瓣50克，大蒜6克，麻辣油、花椒油各10克，姜9克，葱10克

做法

❶ 干椒、姜、葱洗净，将干椒切段，姜去皮切片，葱切段。

❷ 将牛蛙洗净切件，入油锅炸干备用；油锅烧热，将干椒、姜片、葱段、大蒜、豆瓣炒香。

❸ 放入牛蛙，调入盐，浇上麻辣油、花椒油，炒匀入味即可。

丝瓜烧牛蛙

制作时间
30分钟

材料 牛蛙500克，丝瓜1根，蛋清2个，泡椒蓉20克，豆瓣10克，野山椒30克，青鲜花椒油10克，鲜汤300克，淀粉10克

调料 盐4克，味精2克，胡椒粉5克，醋10克

做法

❶ 牛蛙剥去皮，去内脏，洗净斩件，用盐、淀粉、蛋清码味，过沸水。

❷ 丝瓜去皮、籽，洗净切块，放入烧热的油锅中泡至稍黄，取出。

❸ 锅上火，倒入油烧热，放入豆瓣、泡椒蓉、野山椒炒香，加入鲜汤煮出味，滤掉渣。

❹ 调入盐、味精、胡椒、醋，加入牛蛙、丝瓜烧入味，用大火收汁后淋上青鲜花椒油即可。

泡椒牛蛙

⏰ 制作时间 **20分钟**

材料 牛蛙400克,泡椒适量,西芹100克

调料 盐、青花椒、姜片、花椒油、料酒各适量

做法

① 牛蛙治净,斩块,氽水。

② 西芹洗净,切段备用。

③ 热锅加油,下入牛蛙略炸后捞出待用。

④ 锅底留油,下入泡椒、青花椒、姜片、西芹炒香,加入牛蛙同炒。

⑤ 加入适量清水、料酒、花椒油同煮,调入盐,炒匀装盘。

香辣馋嘴蛙

⏰ 制作时间 **30分钟**

材料 牛蛙500克,干辣椒50克

调料 盐3克,蒜、葱各5克,红油、醋各适量

做法

① 牛蛙去皮洗净,切块;干辣椒洗净,切段;葱洗净,切花;蒜去皮洗净,切末。

② 锅下油烧热,下干辣椒、蒜爆香,放入牛蛙煸炒片刻,调入盐、醋、红油炒匀。

③ 炒至八成熟时,注入适量清水,煮熟,撒上葱花即可。

剁椒水煮牛蛙

⏰ 制作时间 **23分钟**

材料 牛蛙400克，剁椒50克

调料 花椒、香菜段、盐、醋、料酒、红油各适量

做法

❶牛蛙治净，斩块；红椒洗净，切段；香菜洗净备用。

❷油烧热，下剁椒、花椒炒香，再放入牛蛙炒至半熟。

❸锅中烹入料酒、清水煮熟，调入盐、醋，淋上红油，最后撒上香菜段即可。

西芹烧牛蛙

⏰ 制作时间 **20分钟**

材料 牛蛙350克，西芹200克，泡椒适量

调料 盐、红油、酱油、料酒、花椒、鸡精各适量

做法

❶牛蛙治净，切成块；西芹洗净切段。

❷油烧热，下牛蛙，调入酱油、料酒和红油，炒至变色后加入泡椒、花椒和西芹稍炒。

❸加适量水烧至熟透，加盐和鸡精调味即可。

酱香牛蛙

⏰ 制作时间 **20分钟**

材料 牛蛙300克，莴笋、鲜笋各50克

调料 盐、酱油、红油、青椒、红椒、香菜段各适量

做法

❶牛蛙治净，剁块；莴笋去皮，洗净切条；鲜笋洗净切段；青、红椒洗净，切圈。

❷油烧热，放入牛蛙炒至断生，下莴笋、鲜笋及青、红椒同炒至熟。

❸加盐、酱油调味，淋上红油后撒上香菜段即可。

酥炸牛蛙腿

⏰ 制作时间
25分钟

材料 牛蛙3只,鸡蛋1个,面包糠20克

调料 盐5克,酱油5克,味精3克

做法

① 牛蛙去内脏洗净,取腿切段,用盐、味精、酱油腌渍入味。

② 鸡蛋打散,将牛蛙腿挂上一层蛋糊,再粘上面包糠待用。

③ 锅上火,加油烧热,下入牛蛙腿炸至表面呈金黄色,捞出即可。

泡椒鱿鱼花

⏱ **制作时间 20分钟**

材料 鱿鱼450克，泡椒适量

调料 盐、料酒、红油、水淀粉、香菜、姜片、生抽各适量

做法

① 鱿鱼治净沥干，在表面打花刀，再切小块；姜洗净切片；香菜洗净切段。

② 锅中注油烧热，下姜片爆香，加入鱿鱼，调入生抽、料酒和红油，稍炒后加入泡椒同炒。

③ 将盐加入水淀粉中，搅匀后倒在锅中，撒上香菜段，炒匀即可。

川酱蒸带子

⏱ **制作时间 15分钟**

材料 带子100克，青、红椒各20克

调料 料酒、胡椒粉、盐、麻辣酱各适量

做法

① 带子洗净，剥去衣膜和枕肉，横刀切成两半。

② 青、红椒洗净，切粒备用。

③ 带子撒上料酒、盐、胡椒粉等，上锅蒸熟。

④ 油锅烧热，放入青、红椒爆香，加麻辣酱炒好，浇在蒸好的带子上即可。

湘 菜

剁椒鱼头

⏱ 制作时间 **23分钟**

材料 鳙鱼头1个

调料 生抽、酒、盐、醋、香油、香菜、葱、剁椒、姜、蒜各少许

做法

1. 鳙鱼头治净剖开；蒜洗净剁蓉；葱洗净切花；姜洗净切丝；香菜洗净切段。

2. 将蒜蓉、姜丝、香菜放入剁椒中，调入盐、醋、酒和生抽，均匀地盖在鱼头上。

3. 将鱼头连同鱼盘入笼蒸10分钟至熟，出笼后撒上葱花，淋上香油即可。

鱼跃福门

⏱ 制作时间 **18分钟**

材料 鲩鱼1条（约500克），芳香汁300毫升

调料 荔枝辣香料、葱花各适量

做法

1. 鲩鱼治净，从背部进刀，砍成距离相等连刀块待用。

2. 把鲩鱼浸入特制芳香汁里浸约10分钟，捞起，放入烧沸的白卤锅里浸4分钟，捞出摆盘。

3. 净锅下油，炒散荔枝辣香味料，淋在鱼身上，撒上葱花即可。

水煮活鱼

⏱ 制作时间 **12分钟**

材料 鲈鱼1条，泡椒50克，青、红椒各适量

调料 盐2克，料酒、生抽各10克，香菜少许

做法

1. 鲈鱼治净，两面各剐若干花刀；青、红椒洗净，切圈；香菜洗净待用。

2. 水烧开，放入鲈鱼烧8分钟，取出装盘。

3. 油锅烧热，下泡椒及青、红椒炒香，加入料酒、生抽，调入盐炒匀，将味汁浇在鲈鱼上，最后撒上香菜。

双味鱼头

制作时间 **65分钟**

材料 鱼头500克，剁椒、泡椒、蔬菜面各适量
调料 盐3克，酱油10克，料酒5克，醋12克
做法

① 鱼头洗净，一剖为二。

② 蔬菜面煮熟，捞起。

③ 将鱼头用盐、味精、酱油、料酒、醋腌渍30分钟，再装入盘中，在两边分别放上剁椒与泡椒。

④ 再放入蒸锅中蒸30分钟，取出后放上蔬菜面，拌匀即可食用。

千岛湖鱼头

制作时间 **50分钟**

材料 鱼头1000克，红柿子椒适量
调料 葱、姜片、蒜、盐、淀粉、白糖、烧酒、辣酱各适量
做法

① 鱼头洗净；葱、蒜洗净切丁，与烧酒、盐混合腌渍鱼头。

② 红柿子椒洗净切成丝备用。

③ 油烧热，鱼头煎至金黄色；原锅放入葱、姜煸炒，加入辣酱、白糖，倒入水烧开再放入鱼头，用中火炖熟。

④ 用水淀粉勾芡，装盘即可。

爆炒鱼子

制作时间 **12分钟**

材料 鱼籽400克，红椒50克
调料 盐4克，味精2克，鸡精2克，姜10克，蒜10克
做法

① 姜去皮切米；蒜剥皮切成米；红椒去蒂去籽切碎备用。

② 锅上火，加油烧热，将鱼子放入，炸至金黄色，捞出备用。

③ 另锅上火，加入少许油烧热，放入红椒碎、姜、蒜米炒香，放入鱼子，调入调味料入味即成。

干锅带鱼

⏰ 制作时间 **30分钟**

材料 带鱼块600克

调料 盐5克，味精2克，胡椒粉3克，葱20克，姜15克，蒜10克，青椒块少许

做法

① 葱择洗净，切段；姜去皮，切片；蒜去皮。

② 带鱼洗净后放入碗中，调入盐、葱段腌15分钟。

③ 油烧热，放入腌好的带鱼块炸香，捞出沥油。

④ 锅中留少许油，放入姜、蒜、葱和青椒块炒香，加入炸好的带鱼。

⑤ 调入盐、味精、胡椒粉炒入味，即可装入干锅中。

剁椒蒸鱼尾

⏰ 制作时间 **15分钟**

材料 草鱼鱼尾300克，剁椒酱、红椒粒各少许

调料 料酒、盐、葱花、面粉各适量

做法

① 鱼尾治净，用盐、料酒腌入味。

② 将剁椒酱和面粉调匀成味料，涂抹在鱼尾上，在盘中摆好，入笼蒸8分钟取出。

③ 锅中加油烧热，将红椒粒、葱花炒香。

④ 起锅，淋在盘中鱼尾上，出菜前配上盘饰即成。

农家小炒肉

制作时间 **20分钟**

材料 猪肉300克，红椒200克，青椒100克

调料 盐、蒜、鸡精、料酒、酱油各适量

做法

① 猪肉洗净，切块；青椒、红椒洗净，切条；蒜去皮洗净，切片。

② 热锅入油，放蒜爆香，放肉片炒至出油，烹入料酒、酱油。

③ 再放入青椒、红椒翻炒片刻，放入盐、鸡精调味，翻炒入味即可。

香酥出缸肉

制作时间 **30分钟**

材料 五花肉500克，干辣椒50克

调料 芝麻、花生各10各，盐、老抽、姜片、香油各适量

做法

① 五花肉搓略炒过的盐，晾晒3天，蒸20分钟，放入撒有盐的缸中，密封腌渍1周，洗净切片。

② 锅烧热，放入姜片、干辣椒、出缸肉翻炒，再放入芝麻、花生炒香。

③ 炒至熟后，加盐、老抽调味，淋入香油即可。

尖椒炒削骨肉

制作时间 **23分钟**

材料 猪头肉1块，青红椒碎、蒜苗段各10克

调料 盐4克，味精2克，酱油5克，姜片15克

做法

① 猪头煮熟烂，剔骨取肉切下。

② 将取下的肉放入油锅里滑散备用。

③ 锅上火，加油烧热，放入青红椒碎、姜片炒香，加入削骨肉。

④ 调入调味料，放入蒜苗段，炒匀入味即成。

香干炒肉

制作时间 **17分钟**

材料 猪肉200克，香干100克，尖椒 1 个，指天椒4个

调料 盐6克，味精5克

做法

① 香干洗净，切成条。

② 瘦肉洗净，切成片。

③ 辣椒洗净，切丝。

④ 锅中加油烧热，下入肉片炒至变色。

⑤ 再放入香干、辣椒丝翻炒至熟，调入盐、味精即可。

辣椒炒油渣

制作时间 **20分钟**

材料 猪肉400克，红椒2个，豆豉10克，蒜苗10克

调料 姜8克，蒜8克，盐4克，味精2克，鸡精2克，陈醋10克

做法

① 将红椒洗净去蒂去籽后切碎；蒜苗洗净切段备用。

② 肉洗净切成片后，放入锅中，炸出油至干，去油即为油渣。

③ 锅上火，炒香红椒碎、豆豉，放入油渣，调入调味料，放入蒜苗炒入味即可。

小贴士 卤五花肉时，多加点酱油，成色会更好。

私房钵钵肉

 制作时间 70分钟

材料 五花肉500克

调料 盐3克，鸡精3克，酱油适量，醋适量，水淀粉适量

做法

1 五花肉洗净，备用。

2 锅内加水，调入盐、酱油，放入五花肉卤熟，捞出沥干切片摆盘。

3 锅中下油烧热，调入盐、酱油、醋、水淀粉，做成味汁，均匀地淋在五花肉上即可。

小炒肉

制作时间 20分钟

材料 猪肉150克，青椒50克，小红椒10克

调料 盐3克，味精3克，香菜20克，姜5克

做法

① 将青椒、小红椒洗净，均切成块。

② 香菜洗净，切段。

③ 姜洗净切成丝。

④ 肉洗净切成丝，下入烧热的油锅中炒熟。

⑤ 再下入青红椒、姜爆炒熟后，加入香菜，调入盐、味精炒匀即可。

老妈炒田螺

制作时间 18分钟

材料 田螺500克，红椒50克，蒜苗20克

调料 盐3克，酱油、料酒各15克，醋10克

做法

① 田螺去壳取肉洗净；红椒洗净，切圈；蒜苗洗净，切段。

② 热锅入油，放入田螺肉翻炒至五成熟，烹入料酒、醋、酱油。

③ 加入适量蒜苗、红椒炒香，放入盐炒熟，出锅装盘即可。

小炒螺蛳肉

制作时间 15分钟

材料 螺蛳肉250克，红椒、韭菜、蒜末各适量

调料 盐、胡椒粉各5克，老抽5克，糖3克，葱30克

做法

① 红椒、葱、韭菜洗净后切成丁状。

② 螺蛳肉沸水洗净，过油待用。

③ 将红椒、韭菜下锅煸炒。

④ 再倒入螺蛳肉和蒜末翻炒，调入盐、胡椒粉、老抽、糖即可。

荷叶粉蒸肉

⏰ 制作时间 **30分钟**

材料 五花肉500克，糯米、荷叶各适量

调料 白糖、酱油、盐各适量

做法

① 五花肉洗净，切片。

② 糯米洗净，浸泡至软，入锅煮熟。

③ 将五花肉和糯米混合，揉匀，放入适量白糖、酱油、盐拌匀。

④ 用洗净的荷叶将糯米五花肉包好，放入盘中，入锅蒸熟。

蒜苗炒削骨肉

⏰ 制作时间 **23分钟**

材料 猪头肉1块，青红椒圈20克，蒜苗段10克

调料 盐4克，味精2克，酱油5克，姜末15克

做法

① 将猪头肉洗净煮熟烂，剔骨取肉切下，入油锅里滑散。

② 炒锅加油烧至七成热，下入肉丁翻炒，再加青红椒圈。

③ 调入盐、味精、酱油，放入姜末、蒜苗段炒入味起锅装盘即可。

包菜粉丝

⏰ 制作时间 **25分钟**

材料 包菜300克，粉丝100克，五花肉100克

调料 盐、花椒、干辣椒段、醋、酱油各适量

做法

① 包菜洗净切丝；五花肉洗净切片。

② 锅置火上，倒入适量水烧开，放入粉丝煮5分钟，捞出沥干。

③ 锅下油烧热，下花椒、干辣椒爆香，放五花肉煎至出油。

④ 放入包菜翻炒，调入盐、酱油、醋，放入粉丝炒匀，待熟起锅装盘即可。

干锅萝卜片

⏱ 制作时间 **25分钟**

材料 白萝卜300克,五花肉200克,辣椒1个

调料 老干妈豆豉2克,料酒3克,香油10克,盐4克,指天椒10克,姜8克

做法

① 白萝卜洗净切片、焯水;五花肉洗净切片;姜洗净切末。

② 起油锅,五花肉炒香,下老干妈豆豉、辣椒、指天椒、姜末烧出色,调入料酒。

③ 下萝卜片稍炒,掺入汤水,旺火烧至色红亮,淋上香油,装入铁锅,上酒精炉即可食用。

风吹猪肝

⏱ 制作时间
20分钟

材料 湘西风干猪肝1个，干辣椒10克

调料 盐、味精、鸡精、红油、蚝油、蒜苗各适量

做法

① 将风干的猪肝切成片；干辣椒洗净切段；蒜苗择洗净切小段，备用。

② 锅上火，加入适量清水烧沸，放入猪肝片稍烫，捞出沥干水分。

③ 锅上火，加油烧热，放入猪肝稍炒，加入干辣椒、蒜苗炒香，调入调味料，炒匀入味即可。

老干妈淋猪肝

⏱ 制作时间
17分钟

材料 卤猪肝250克

调料 葱花、盐、酱油、红油、老干妈、红椒各适量

做法

① 卤猪肝洗净，切成片，用开水烫熟；红椒洗净，切段；葱洗净，切花。

② 油锅烧热，入红椒爆香，入老干妈豆豉酱、酱油、红油、盐制成味汁。

③ 将味汁淋在猪肝上，撒上葱花即可。

土豆炖排骨

制作时间 45分钟

材料 排骨300克，土豆400克

调料 盐3克，鸡精2克，酱油、料酒各适量

做法

① 排骨洗净，切块。

② 土豆去皮洗净，切块。

③ 水烧开，放入排骨汆水，捞出沥干待用。

④ 锅内下油烧热，放排骨滑炒片刻，放入土豆，调入盐、鸡精、料酒、酱油炒匀。

⑤ 加清水炖熟，待汤汁变浓，装盘即可。

剁椒小排

制作时间 30分钟

材料 排骨500克，剁椒100克

调料 盐3克，味精1克，醋9克，老抽12克，料酒15克

做法

① 排骨洗净，剁成小块。

② 排骨置于盘中，加入盐、味精、醋、老抽、料酒拌匀。

③ 在码好的排骨上，铺上一层剁椒。

④ 放入蒸锅中蒸20分钟左右取出即可。

五成干烧排骨

制作时间 40分钟

材料 排骨300克，五成干300克

调料 盐3克，鸡精2克，酱油、醋、料酒各适量

做法

① 排骨洗净切块，汆水捞出；五成干洗净备用。

② 锅置火上，倒入适量水烧开，放入五成干汆熟，捞出沥干摆盘。

③ 锅下油烧热，放入排骨煸炒片刻，调入盐、鸡精、酱油、料酒、醋炒匀。

④ 待炒至八成熟时，加适量清水焖煮，待汤汁收干盛于五成干上即可。

一品牛肉爽

⏰ 制作时间 **30分钟**

材料 牛肉350克

调料 葱、红椒各50克，盐、鸡精、香油、料酒、酱油、八角、熟芝麻各适量

做法

① 将牛肉洗净，在锅中加入适量清水、盐、料酒、酱油、八角。

② 煮开后将牛肉放入锅中煮熟，捞起牛肉，沥干水分，切片，装盘。

③ 葱洗净，切成葱花；红椒洗净，切圈。

④ 将红椒、鸡精、葱花、香油、熟芝麻拌匀，倒在牛肉片上即可。

飘香牛肉

⏰ 制作时间 **50分钟**

材料 牛肉500克

调料 盐3克，酱油、料酒、香油、熟芝麻各10克，红椒末30克，葱花20克

做法

① 牛肉洗净，切大片，加入盐、酱油、料酒腌渍1小时，入蒸笼蒸半小时取出。

② 油锅烧热，下牛肉炸至金黄色，再入红椒同炒1分钟。

③ 撒上葱花，淋入香油，撒上熟芝麻即可。

泡椒牛百叶

⏰ 制作时间
20分钟

材料 牛百叶500克，泡椒、红椒各15克

调料 盐4克，味精2克，蚝油5克，红油8克，陈醋10克，胡椒粉5克，酒10克，葱15克

做法

① 将牛百叶加酒、陈醋稍腌，清洗干净后，过沸水，晾凉后切件备用。

② 泡椒、红椒洗净切碎。

③ 葱择洗干净，切段。

④ 锅上火，加油烧热，放入泡椒、红椒、葱段炒香。

⑤ 倒入牛百叶，调入所有调味料，炒匀入味，盛出装盘即可。

火爆牛肉丝

⏰ 制作时间
30分钟

材料 牛肉200克，洋葱50克

调料 盐、水淀粉、干红椒、生抽、香菜各少许

做法

① 牛肉洗净，切丝，用盐、水淀粉腌20分钟。

② 干红椒洗净，切段；香菜洗净切段。

③ 洋葱洗净，切丝，备用。

④ 油锅烧热，下干红椒炒香，加入牛肉爆熟，再加洋葱、香菜炒熟。

⑤ 入盐、生抽调味，炒匀，装盘即可。

水晶粉炖牛腩

⏱ 制作时间 **40分钟**

材料 牛腩500克，水晶粉200克

调料 盐、白芝麻、酱油、料酒、红油、高汤各适量

做法

① 牛腩洗净，切条。

② 水晶粉泡发，备用。

③ 锅内加水，放入水晶粉煮熟，盛入碗中；牛腩汆水，捞出备用。

④ 油烧热，放白芝麻炒香，放入牛腩煸炒，调入盐、料酒、酱油、红油炒匀。

⑤ 注入高汤，炖熟后倒入碗中的水晶粉上即可。

干锅牛杂

⏱ 制作时间 **100分钟**

材料 牛腩、牛筋、牛肚各150克

调料 盐、蒜、干椒段、姜片、豆瓣各少许

做法

① 锅中倒入卤汁，放入牛腩、牛筋、牛肚卤熟，取出，切成片。

② 油烧热，放蒜、干椒段、豆瓣炒香。

③ 放入卤好的牛杂片，加入上汤，调入盐、姜片，焖入味后盛出，装入干锅即成。

小炒鸭掌

制作时间
15分钟

材料 鸭掌400克，青椒、红椒各15克

调料 盐、醋、酱油、蒜苗段各适量

做法

① 鸭掌洗净，煮熟后，捞出剔去骨头。

② 锅内注油烧热，下鸭掌炒至变色，加入青红椒、蒜苗炒匀。

③ 再加入盐、醋、酱油炒至熟后，起锅装盘即可。

小炒仔洋鸭

制作时间
20分钟

材料 鸭肉250克，红椒100克

调料 盐3克，味精1克，酱油8克，香菜少许

做法

① 鸭肉洗净，切片；红椒洗净，切圈；香菜洗净待用。

② 油锅烧热，倒入鸭肉炒至变色，再加入红椒、香菜翻炒片刻。

③ 调入盐、味精、酱油炒匀，即可出锅。

香辣卤鸭舌

制作时间
20分钟

材料 鸭舌300克，熟芝麻少许

调料 辣椒段、葱花、姜片、盐、老抽、糖各适量

做法

① 鸭舌洗净，备用。

② 用老抽、糖加水制成卤水料。

③ 烧热油，爆姜片、辣椒段，下鸭舌，加卤水料、盐，卤半小时后装盘。

④ 撒上葱花和芝麻即可。

葱爆羊肉

制作时间
23分钟

材料 羊肉300克，葱30克，干辣椒5克

调料 盐、料酒、嫩肉粉、白糖、生粉各适量

做法

① 羊肉洗净，切片。

② 葱择洗净，切段。

③ 羊肉用盐、料酒、嫩肉粉腌10分钟，再滑炒，加入葱段、干辣椒炒香。

④ 放入料酒、盐、白糖烧入味，勾芡即可。

锅仔狗肉

⏱制作时间 **45分钟**

材料 狗肉400克，黄豆芽150克，洋葱片50克，红椒2个，姜片、葱段各适量

调料 盐6克，胡椒粉5克，料酒5克，醋6克，生抽6克，干辣椒10克，花椒5克，八角5克

做法

①狗肉洗净，剁块；红椒洗净，切成菱形片；黄豆芽，洗净。

②锅中水煮沸后，放入狗肉煮至熟烂，捞起沥干水分。

③锅中油烧热后，下入姜片、干辣椒、八角、花椒爆香，加入狗肉、红椒片、洋葱片、豆芽。

④调入料酒、盐、醋、生抽、胡椒粉调味，炖煮熟烂后，撒上葱段即可。

酸辣鸡丁

制作时间 **17分钟**

材料 鸡肉250克，柿子椒50克，干辣椒20克

调料 盐、酱油、醋、料酒、淀粉、香油各少许，蛋清20克

做法

① 柿子椒洗净切丁；鸡腿肉洗净切丁；用蛋清、淀粉上浆。

② 起锅放油烧热，投入鸡丁滑散，捞出控油。

③ 锅留底油，放干辣椒爆香，投入鸡丁及盐、酱油、醋、料酒翻炒，勾芡，淋入香油即可。

红油土鸡钵

制作时间 **30分钟**

材料 土鸡1只，青椒、红椒各20克

调料 盐、酱油、红油、干辣椒各适量，葱少许

做法

① 土鸡治净，切块；青椒、红椒洗净，切片；干辣椒洗净，切圈；葱洗净，切花。

② 锅中注油烧热，放入鸡块翻炒至变色，再放入青椒、红椒、干辣椒炒匀。

③ 注入适量清水，倒入酱油、红油煮至熟后，加入盐调味，撒上葱花即可。

葱油鸡

制作时间 **25分钟**

材料 鸡、葱油各适量

调料 盐、葱白、酱油、蒜头、香菜段各适量

做法

① 鸡治净；葱白洗净切块。

② 鸡入开水煮熟，捞出晾凉切块，装盘。

③ 蒜头去皮入开水稍烫，捞出放盘中。

④ 用盐、酱油、葱油调成味汁，淋在盘中，撒上香菜、葱白即可。

美味豆豉鸡

制作时间 **23分钟**

材料 鸡肉300克，豆豉酱50克，熟花生仁适量

调料 葱、红椒、姜各15克，盐3克，红油适量

做法

① 鸡肉洗净备用；葱洗净，切花；红椒去蒂洗净，切圈；姜去皮洗净，切片。

② 将鸡肉放入汤锅中，放入姜片、盐，加适量清水，将鸡肉煮至熟透后，捞出沥干，待凉，切成块，摆盘。

③ 淋入红油，将豆豉酱、熟花生仁、葱、红椒放在鸡肉上即可。

东安子鸡

制作时间 **25分钟**

材料 母鸡1只，清汤100克

调料 姜、干红辣椒、淀粉、料酒、葱、盐各适量

做法

① 鸡洗净切块，鸡胸、鸡腿切条；姜洗净切细丝；干红辣椒洗净切末。

② 油锅烧热下鸡肉、姜丝、干辣椒煸炒。

③ 出香后放料酒、盐、清汤，放入淀粉、葱丝，出锅即成。

剁椒炒鸡蛋

制作时间
12分钟

材料 鸡蛋200克，剁椒50克

调料 盐3克，香油、葱各10克

做法

① 鸡蛋磕入碗中，加盐搅拌均匀。

② 葱洗净，切成葱花。

③ 油锅烧热，倒入鸡蛋炒散，再放入剁椒同炒片刻。

④ 撒上葱花，淋入香油即可。

辣椒金钱蛋

制作时间
15分钟

材料 鸡蛋3个，辣椒2个

调料 盐3克，葱花5克

做法

① 鸡蛋煮熟去壳，切圈，备用。

② 辣椒洗净切成片。

③ 锅上火，加油烧热，下入鸡蛋圈，炸至金黄。

④ 下入辣椒、葱花、盐，与蛋一起翻炒至熟即可。

干锅鱿鱼须

⏰制作时间 13分钟

材料 鱿鱼须300克，生菜50克，青、红椒各适量

调料 盐3克，酱油、麻油各5克，料酒10克

做法

①鱿鱼须治净切段；生菜洗净铺盘底；青、红椒洗净，切圈。

②油锅烧热，下鱿鱼须煸炒至金黄色，放入青、红椒同炒至熟，加料酒、盐、酱油、麻油，炒匀盛入装生菜的盘中即可。

红椒炒鲜贝

⏰制作时间 12分钟

材料 蛤蜊、蛏子各200克，红椒50克

调料 料酒、盐、鸡精、葱花各适量

做法

①将蛤蜊、蛏子均治净；红椒洗净，切丁。

②净锅上火，注油烧热，下红椒爆香，倒入蛤蜊、蛏子炒熟，烹入料酒调味。

③最后加入葱花、盐和鸡精炒匀，起锅装盘即可。

香爆蛏子

⏰制作时间 12分钟

材料 蛏子450克，青椒、红椒各100克

调料 料酒15克，水淀粉10克，盐3克

做法

①蛏子治净，余水；青、红椒洗净，切丁。

②锅中加少许油烧至七成热，倒入蛏子爆炒，加料酒炒入味，再加入青椒丁、红椒丁同炒至熟，加少许盐调味，最后淋入适量水淀粉勾芡即可。

辣爆鱿鱼丁

⏰制作时间 12分钟

材料 鱿鱼1条，青、红椒各30克，干红椒10克

调料 盐5克，味精2克，鸡精2克，红油10克

做法

①将鱿鱼治净，切成丁，放入油锅中滑散，盛出备用。

②将青、红椒去籽洗净切块；干红椒切段备用。

③锅上火，加油烧热，爆香青、红椒和干红椒，放入鱿鱼丁炒匀，加入盐、味精、鸡精、红油炒匀入味即可。

金牌小炒肉

制作时间 23分钟

材料 猪肉200克，豌豆200克

调料 盐、葱段、红椒圈、面粉各10克

做法

① 豌豆洗净切段；面粉用水调匀；猪肉洗净切块，裹面粉。

② 热锅入油，肉块炸至金黄色，捞出沥油。

③ 锅中留底油，放入红椒、葱段炒香，放入豌豆、肉块，调盐炒至熟，撒上葱花即可。

橘色小炒肉

制作时间 25分钟

材料 猪肉300克，青椒、红椒、黑木耳100克

调料 盐3克，鸡精2克，酱油、水淀粉各适量

做法

① 猪肉洗净，切成小片；青椒、红椒均去蒂洗净，斜刀切圈；黑木耳泡发洗净，切片。

② 锅中下油烧热，放入猪肉滑炒，至肉色变白。

③ 放入青椒、红椒、黑木耳，调入盐、鸡精、酱油炒匀。

④ 待熟时，用水淀粉勾芡，起锅装盘即可。

酸豆角炒肉末

制作时间 18分钟

材料 酸豆角300克，肉末150克

调料 葱、蒜、盐、花椒油、干椒、姜各少许

做法

① 将酸豆角洗净切碎；葱洗净切花；姜、蒜洗净切末；干椒切段。

② 锅置火上，加油烧热，下入干椒段炒香后，加入肉末稍炒。

③ 再加入酸豆角和剩余调味料炒匀即可。

第 **3** 部分

家常
蒸煮菜

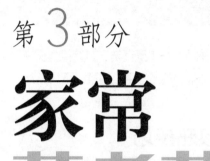

中国人喜欢吃热气腾腾的菜肴。蒸、煮出来的菜肴，正具备了这样的特点，常使人垂涎欲滴。特别是在寒冷的冬天，它们既能助人取暖，又能使人的胃口大开。蒸、煮的温度作用于食材，让美味释放，又作用于人心，让人们欢喜……

蒸煮菜的烹饪秘笈

蒸和煮是中国菜的两种基本烹饪法，其特点是保持了菜肴的原汁原味，并在很大程度上保存了食材的各种营养。如何做出香喷喷的蒸煮菜，注意以下几点：

 ## 蒸肉放油技巧

蒸肉类时，应注意用油的先后。比如蒸排骨应先将粉和调味料将排骨拌匀之后再放生油，这样才可使调味料渗入，如果先放油再放调味料的话，蒸出后的排骨就缺乏香味。

 ## 如何煮出鲜嫩原味的肉类

水煮是肉类、海鲜凉拌的重要处理方法，不过你也许不知道，鲜嫩的肉并非是一锅到底彻底煮熟的，关键在于焖泡至熟的过程。所谓焖泡至熟，是指在食物快熟时熄火，以余温使之熟透的方法。这需要锅内水量足够，完全覆盖食材，先煮滚10分钟，盖上盖，然后以余温焖1小时。在冷却的过程中，氨基酸回填也会让肉更鲜美。

另外，处理五花肉时为了防止肉变形，也为了使肉更易熟，可在两侧插上筷子作为支撑。

 ## 用热水蒸鱼

在蒸鱼的时候，一定要先烧开蒸锅里面的热水，然后再下锅蒸。因为鱼突然一遇到温度比较高的蒸气时，其外部的组织就会凝固，而内部的鲜汁又不容易外流，这样所蒸出来的鱼味鲜美，富有光泽。在蒸的前后，若放一块猪油或者鸡油在鱼的身上，跟鱼一块蒸，鱼肉会更加滑溜、鲜嫩。

 ## 炖鱼入味窍门

可以在鱼的身上划上刀纹。在烹调前将其腌渍，使鱼肉入味后再烹，这种方法适于清蒸。可通过炸煎或别的方式，先排除鱼身上的一部分水分，并且使得鱼的表皮毛糙，让调料较容易渗入其中，这样烹煮出的鱼味道会更加鲜美。

南瓜盅肉排

 制作时间
60分钟

材料 南瓜200克，芋头100克，肉排150克，红椒20克

调料 姜10克，酱油、味精、白糖、盐各适量

做法

① 南瓜洗净，挖空；芋头去皮洗净，煮熟；红椒洗净切片；姜去皮洗净切片。

② 肉排洗净切块，焯水，入油锅煸炒片刻。

③ 再放入芋头、姜片、白糖、酱油、盐、味精、红椒炒匀。

④ 把炒好的排骨装入南瓜中，上锅蒸40分钟即可。

大白菜包肉

⏱ 制作时间 **20分钟**

材料 大白菜300克，猪肉馅150克

调料 盐、味精各3克，酱油6毫升，花椒粉4克，香油、葱花、姜末、淀粉各适量

做法

① 大白菜摘洗干净。

② 猪肉馅加上葱花、姜末、盐、味精、酱油、花椒粉、淀粉搅拌均匀，将调好的肉馅放在白菜叶中间，包成长方形。

③ 将包好的肉放入盘中，入蒸锅用大火蒸10分钟至熟，取出淋上香油即可食用。

四喜丸子

⏱ 制作时间 **30分钟**

材料 猪肉、面包糠、荸荠、香菇各适量，鸡蛋1个

调料 盐5克，鸡精3克，十三香5克，淀粉10克

做法

① 猪肉洗净剁碎；荸荠去皮，洗净切碎；香菇泡发洗净，切碎。

② 猪肉中加入所有原材料和调味料，按顺时针方向搅拌，打上劲，做成丸子。

③ 入油锅中稍炸成形，盛出再蒸30分钟至熟。

农家煮豆腐

制作时间 22分钟

材料 豆腐200克，尖椒、姜末各少许

调料 盐、味精、辣椒油、香油各适量

做法

①豆腐洗净切块；尖椒洗净切圈。

②油锅烧热，炒香尖椒，入豆腐块炸至两面脆黄，加盐、味精、辣椒油调味，加水煮开，加入姜末，淋香油，拌匀后盛起即可。

双椒蒸茄子

制作时间 20分钟

材料 茄子250克，辣椒、泡椒各50克

调料 盐、味精各3克，酱油、豆豉各10克

做法

①茄子洗净，去皮，切片；辣椒、泡椒洗净，剁碎。

②将茄子装入盘中，撒上泡椒、辣椒，淋上盐、味精、酱油、豆豉调成的味汁。

③将盘子放入锅中，隔水蒸熟即可。

剁椒蒸臭干

制作时间 25分钟

材料 腊八豆200克，臭豆腐500克，剁椒50克

调料 盐2克，香油3克，姜、葱、蒜、红油各适量

做法

①臭豆腐切块，炸至外表起硬壳，装碗；姜去皮切片；蒜洗净切末；葱洗净切花。

②油锅烧热，下入姜末、蒜末、剁椒、腊八豆煸香，盖在臭豆腐上，加入盐上笼蒸15分钟，然后淋上香油，撒葱花。

红果山药

制作时间 13分钟

材料 山药300克，山楂200克

调料 桂花蜂蜜25克，白糖10克

做法

①山药去皮，洗净，切段，入锅蒸熟，放碗里捣成泥状，扣在盘中；山楂洗净去核，摆在山药旁。

②热锅放白糖、桂花蜂蜜、少量水熬成浓稠汁，浇在山药和山楂上即可。

剁椒蒸毛芋

制作时间
12分钟

材料 毛芋500克，葱花3克，剁椒200克

调料 盐5克，香油适量

做法

① 毛芋去皮洗净，改刀成块，放进蒸笼蒸熟，取出。

② 蒸笼中铺上剁椒，撒上盐，再蒸2分钟，取出撒上葱花，浇香油即可。

剁椒芋头仔

制作时间
15分钟

材料 芋头仔300克，剁椒30克

调料 盐、味精、香油各适量，葱花少许

做法

① 芋头仔去皮，洗净，装在碗里。

② 锅中加油炒香剁椒，加入芋头仔，下入盐、味精、香油拌匀。

③ 将拌好的芋头入锅中蒸熟，撒上葱花即可。

双色蒸水蛋

⏰ 制作时间
10分钟

材料 鸡蛋2个，菠菜适量

调料 盐3克

做法

❶ 将菠菜洗净后切碎。

❷ 取碗，用盐将菠菜腌渍片刻，用力揉透至出水。

❸ 再将菠菜叶中的汁水挤干净。

❹ 鸡蛋打入碗中拌匀加盐，再分别倒入鸳鸯锅的两边，在锅一侧放入菠菜叶，入锅蒸熟即可。

葱花蒸蛋羹

材料 鸡蛋3个，葱花少许

调料 盐适量

做法

① 将鸡蛋磕入大碗中打散，加入盐。

② 搅拌调匀，慢慢加入约300毫升温水，边加边搅动，将其搅拌均匀。

③ 将搅拌好的鸡蛋放入蒸锅，以小火蒸约10分钟，撒上葱花即可。

鲫鱼蒸水蛋

材料 鲫鱼300克，鸡蛋2个

调料 盐3克，酱油2克，葱5克

做法

① 鲫鱼治净，改花刀，用盐、酱油稍腌。

② 葱洗净，切花，备用。

③ 鸡蛋打入碗内，加少量水和盐搅散，把处理好的鱼放入盛蛋的碗中。

④ 将盛好鱼的碗放入蒸笼蒸10分钟，取出。

⑤ 撒上葱花即可。

三色蒸蛋

材料 土鸡蛋3个，咸蛋黄1个，皮蛋1个

调料 盐5克，味精3克，食用油5克

做法

① 将鸡蛋打散，加150毫升水，和调味料一起搅匀。

② 上笼蒸3分钟，出笼待用。

③ 皮蛋切片摆于蒸蛋上围边，咸蛋黄放于中间，再淋入食用油即可。

南瓜粉蒸肉

⏰ **制作时间** **80分钟**

材料 五花肉400克，南瓜600克，蒸肉粉适量

调料 葱花、红椒末、酱油、甜面酱、料酒、白糖各适量

做法

① 五花肉洗净切片；酱油、甜面酱、料酒、白糖加凉开水调匀，放入五花肉腌半小时；南瓜洗净切瓣状，摆盘。

② 将蒸肉粉拌入五花肉中，五花肉放入南瓜内，入锅蒸半小时取出。

③ 将葱花、红椒末撒在粉蒸肉上即可。

干盐菜蒸肉

⏰ **制作时间** **23分钟**

材料 五花肉300克，干盐菜150克

调料 盐、酱油、辣椒酱、白糖、香菜各适量

做法

① 五花肉洗净切片；干盐菜洗净，切碎；香菜洗净待用。

② 五花肉加清水、盐、酱油、辣椒酱、白糖煮至上色，捞出。

③ 干盐菜置于盘底，放上五花肉，入蒸锅蒸15分钟，取出后撒上香菜即可。

珍珠米圆

⏰ 制作时间 **30分钟**

材料 猪瘦肉400克，糯米250克，鱼肉300克，猪肥肉100克，荸荠100克

调料 味精、料酒、葱花、盐、淀粉、姜末各适量

做法

① 猪瘦肉洗净剁蓉；猪肥肉洗净切丁；荸荠去皮洗净后切丁。糯米洗净后浸泡2小时，沥干备用；鱼肉洗净剁成蓉。

② 将猪瘦肉蓉和鱼肉蓉放入钵内，加入盐、味精、料酒、淀粉、葱花、姜末和清水拌匀，搅拌至发黏上劲，然后加入肥肉丁和荸荠丁拌匀待用。

③ 将肉蓉挤成肉丸，将肉丸放在糯米上滚动使其粘匀糯米，再逐个摆在蒸笼内，蒸15分钟取出即可。

粉蒸肉

制作时间 **70分钟**

材料 五花肉500克，莲藕200克，生大米粉25克，大米50克

调料 白糖3克，胡椒粉1克，黄酒10毫升、桂皮2克，八角2克，丁香2克，姜末2克，盐3克，酱油5毫升，味精2克

做法

① 五花肉洗净切长条，加盐、酱油、姜末、黄酒、味精、白糖一起拌匀，腌渍5分钟。

② 大米淘净，下锅中炒成黄色，加桂皮、丁香、八角再炒3分钟，压成小粒备用。

③ 藕洗净切条，加盐、生大米粉拌匀，猪肉条用熟米粉拌匀，与藕条入笼蒸1小时取出，撒上胡椒粉即成。

珍珠圆子

制作时间 **160分钟**

材料 五花肉400克，糯米50克，马蹄50克

调料 盐5克，味精2克，绍酒10克，姜1块，葱15克，鸡蛋2个

做法

① 糯米洗净，用温水泡2小时，沥干水分；五花肉洗净剁成蓉；马蹄去皮洗净，切末；葱、姜洗净切末。

② 肉蓉加上所有调味料一起搅上劲，再挤成直径约3厘米的肉圆，依次蘸上糯米。

③ 将糯米圆子放入笼中，蒸约10分钟取出装盘即可。

粉蒸排骨

⏰ 制作时间 **40分钟**

材料 排骨300克，米粉100克

调料 豆豉5克，鸡精2克，豆腐乳30克，豆瓣酱15克

做法

① 排骨洗净斩段；豆瓣酱、豆豉用油炒香，凉后加入米粉、鸡精、豆腐乳拌匀。

② 将排骨放入蒸盘中，上铺拌好的调味料，入蒸笼蒸30分钟即可。

豉汁南瓜蒸排骨

⏰ 制作时间 **30分钟**

材料 南瓜、猪排骨各200克，豉汁20克

调料 辣椒粒、盐、老抽、料酒、葱花、豉汁各适量

做法

① 猪排骨洗净，剁成块，加盐、料酒、豉汁腌渍入味；豆豉放入油锅内炒香后，去油汁待用；南瓜去皮、瓤，洗净，切成大块排于碗中。

② 将排骨放入碗中，入蒸锅蒸半小时。

③ 将盐、老抽、料酒、辣椒粒、葱花调成味汁，淋在排骨上即可。

茶树菇蒸鳕鱼

⏰ 制作时间 **30分钟**

材料 鳕鱼300克，茶树菇、红甜椒各75克

调料 盐4克，黑胡椒粉1克，香油6克，高汤50克

做法

① 鳕鱼两面均匀抹上盐、黑胡椒粉腌5分钟，置入盘中备用。

② 茶树菇洗净切段，红甜椒洗净切细条，都铺在鳕鱼上面。

③ 将高汤淋在鳕鱼上，放入蒸锅中，以大火蒸20分钟，取出淋上香油即可。

酒酿蒸带鱼

⏰ 制作时间 **20分钟**

材料 带鱼300克，酒糟100克，红椒适量

调料 盐3克，香油10克

做法

① 带鱼治净，切段，抹上盐腌渍5分钟；红椒洗净，切成小粒。

② 带鱼摆盘，铺上酒糟，放入锅中隔水蒸10分钟。

③ 取出，淋上香油，撒上红椒即可。

芥菜干蒸肉

制作时间
130分钟

材料 五花肉500克，芥菜干60克

调料 白糖20克，黄酒10克，八角3克，酱油25克，味精2克，桂皮3克

做法

① 五花肉洗净切小块，氽水，用清水洗净。芥菜干洗净挤干水分，切成小段。

② 锅中放入清水、酱油、黄酒、桂皮、八角，放入肉块煮至八成熟，再加白糖和芥菜干，中火煮约5分钟，拣去八角、桂皮，加入味精。

③ 取扣碗1只，放芥菜垫底，将肉块皮朝下整齐地排放于上面，上笼蒸约2小时后取出，扣于盘中即成。

百花蛋香豆腐

制作时间 10分钟

材料 日本豆腐、虾胶、蛋黄、菜心各适量
调料 白糖1克，盐3克，淀粉15克

做法

① 日本豆腐切圆筒，中间挖空；蛋黄切粒。

② 将白糖、盐加入虾胶里，搅匀后酿在挖空的豆腐中间，将蛋黄放在虾胶上，蒸熟后将豆腐取出。

③ 菜心焯熟，围在豆腐周围。

④ 水烧开，入余下调味料，用淀粉勾芡后淋入盘中即可。

蟹黄豆花

制作时间 15分钟

材料 豆腐200克，咸蛋黄、蟹柳各50克
调料 盐3克，蟹黄酱适量

做法

① 豆腐洗净切丁，装盘；咸蛋黄捣碎；蟹柳洗净，入沸水烫熟后切碎。

② 油锅烧热，放入咸蛋黄、蟹黄酱略炒，调入盐炒匀，出锅盛在豆腐上。

③ 豆腐放入蒸锅蒸10分钟，取出，撒上蟹柳碎即可。

白辣椒蒸香干

制作时间 10分钟

材料 香干300克，泡菜100克
调料 盐、生抽、红油、葱花、红椒各适量

做法

① 香干洗净切片，摆盘。

② 泡菜洗净切段，置于香干上；红椒洗净切丁，置于泡菜上。

③ 将盐、生抽和红油调匀，浇在香干和泡菜上。

④ 将装原料的盘置于蒸锅中蒸至香干熟透，取出撒上葱花即可食用。

鸡蛋蒸日本豆腐

制作时间
10分钟

材料 鸡蛋1个，日本豆腐200克，剁辣椒20克

调料 盐、味精各3克

做法

① 取出豆腐切成2厘米厚的段。

② 将切好的豆腐放入盘中，打入鸡蛋置于豆腐中

间，撒上盐、味精。

③ 将豆腐与鸡蛋置于蒸锅上，蒸至鸡蛋熟，取出。

④ 另起锅置火上，加油烧热，下入剁辣椒稍炒，淋

于蒸好的豆腐上即可。

金氏红豆羹

制作时间
13分钟

材料 红豆、枸杞各20克，南瓜1个，大米适量

调料 盐2克

做法

① 红豆泡发洗净；枸杞、大米均洗净。

② 南瓜去籽洗净，做成容器状，蒸熟备用。

③ 锅内注入清水，放入红豆、枸杞、大米一起

煮熟。

④ 加少许盐，盛入蒸好的南瓜内即可。

生熟蒜鲜虾蒸胜瓜

⏱ 制作时间 **40分钟**

材料 蒜蓉100克，鲜虾500克，胜瓜1000克

调料 味精5克，盐、鸡精粉各3克，糖10克

做法

1 鲜虾去须、爪，洗净开边。

2 胜瓜去皮、籽，洗净切条。

3 将鲜虾、胜瓜、1/2量蒜蓉放入碗内，加入调味料搅拌均匀。

4 放入锅内蒸30分钟至熟，取出撒上剩余的蒜蓉即可。

蒜蓉粉丝蒸蛏子王

⏱ 制作时间 **8分钟**

材料 蛏子700克，粉丝300克，蒜头100克

调料 生抽、鸡精、盐、葱花、香油各适量

做法

1 蛏子对剖开，洗净；粉丝用温水泡好；蒜头去皮，剁成蒜蓉备用。

2 油锅烧热，放入蒜蓉煸香，加生抽、鸡精、盐炒匀，浇在蛏子上。

3 将泡好的粉丝也放在蛏子上，撒上葱花，淋上香油，入锅蒸3分钟即可。

粉蒸羊肉

⏱ 制作时间
50分钟

材料 羊腿肉500克，大米粉200克

调料 葱丝、料酒、茴香籽、草果、香油、花椒油、胡椒粉、姜末、辣豆酱、八角、香菜、味精、辣椒油、盐各适量

做法

① 将羊肉洗净切成薄片，放入葱丝、料酒、姜末、盐、味精拌匀，腌渍10分钟。

② 把大米粉、八角、茴香籽、草果放锅内炒香，倒出压碎，再将辣豆酱炒出香味。加少量水，放入压碎的大米粉拌匀装盆，上屉用旺火蒸5分钟后取出。

③ 将腌好的羊肉片加胡椒粉、花椒油、辣椒油和蒸好的大米粉拌匀。上屉蒸20分钟，取出放上香菜，淋上香油即可。

豉油蒸耳叶

⏰ 制作时间 **17分钟**

材料 猪耳300克

调料 盐2克，糖5克，豉油15克，葱、蒜少许

做法

① 猪耳去毛洗净；葱洗净，切花；蒜去皮，剁成末。

② 猪耳用盐、蒜末涂匀，装盘后入锅蒸熟，取出。

③ 油锅烧热，放入糖、豉油炒香调成味汁，浇在猪耳上，最后撒上葱花。

山城面酱蒸鸡

⏰ 制作时间 **35分钟**

材料 鸡肉400克，熟花生米100克，葱花3克

调料 盐、甜面酱、红油、红椒、花椒粉各适量

做法

① 鸡治净，入沸水中氽去血污，捞出沥干，斩块装盘；红椒洗净，沥干切末。

② 将甜面酱、盐、红油、花椒粉搅拌均匀制成味汁，浇在鸡肉上，放上花生米，撒上葱花、红椒末，入蒸锅蒸至鸡肉熟透。

糯米蒸牛肉

⏰ 制作时间 **45分钟**

材料 牛肉500克，糯米100克

调料 盐、酱油、料酒、葱花、红椒、香菜各适量

做法

① 牛肉洗净，切块；糯米泡发洗净；香菜洗净；红椒洗净，切丝。

② 糯米装入碗中，再加入牛肉与酱油、盐、料酒、葱花拌匀。

③ 将拌好的牛肉放入蒸笼中，蒸30分钟，取出撒上香菜、红椒即可。

清蒸武昌鱼

⏰ 制作时间 **27分钟**

材料 武昌鱼800克，火腿片30克

调料 味精2克，盐、胡椒粉各5克，料酒15克，姜片、葱丝各20克，鸡汤少许

做法

① 鱼治净，在鱼身两侧剖上花刀，撒上盐、料酒腌渍。

② 用油抹匀鱼身，火腿片与姜片置鱼身上，上笼蒸15分钟；锅中下鸡汤烧沸，加味精，起锅浇在鱼上，撒胡椒粉、葱丝即成。

雪菜蒸鳕鱼

⏰ 制作时间 **15分钟**

材料 鳕鱼500克，雪菜100克

调料 盐、黄酒、雪汁、葱花、姜米、味精各少许

做法

① 鳕鱼去鳞洗净，切成大块；雪菜洗净切末。

② 将切好的鱼放入盘中，加入雪菜、盐、味精、黄酒、葱、姜、雪汁，拌匀稍腌入味。

③ 将备好的鳕鱼块放入蒸锅内，蒸10分钟至熟即可。

酱椒醉蒸鱼

⏰ 制作时间 **16分钟**

材料 鱼400克，酱野山椒50克

调料 盐、酱油、豆豉、料酒、姜丝、鸡蛋清各适量

做法

① 鱼治净，切块，用盐、酱油、料酒腌渍，用鸡蛋清拌匀，放入蒸锅中蒸熟，盛盘。

② 锅中入油，放入酱野山椒、豆豉、姜丝大火炒香。

③ 加入酱油、料酒、盐调味，淋在蒸熟的鱼身上即可。

本鸡煲

⏱ 制作时间 **35分钟**

材料 鸡400克，猪肉80克，上海青100克

调料 盐3克，料酒10克，枸杞适量

做法

① 鸡洗净，切块，焯熟。

② 猪肉洗净，煮熟，切片；上海青洗净，备用；枸杞泡水备用。

③ 水锅烧开，下鸡肉、猪肉同煮，再加入料酒，炖15分钟。

④ 放入上海青、盐、枸杞，炖5分钟即可。

蛤蜊炖蛋

⏱ 制作时间 **30分钟**

材料 蛤蜊250克，鸡蛋2个，蟹肉80克

调料 盐2克，料酒8克，葱花、蒜蓉各适量

做法

① 蛤蜊洗净，煮熟；蟹肉洗净，切成碎末。

② 鸡蛋打入碗中，加少许盐搅成蛋液；将蛤蜊放入蛋液中，放入蒸锅蒸熟，取出。

③ 油锅烧热，下蒜蓉爆香，放入蟹肉翻炒，烹入料酒，加盐调味。

④ 起锅倒在蒸蛋上，撒上葱花即可。

鸡汤煮干丝

⏰ 制作时间 **12分钟**

材料 豆腐丝400克，虾仁、青菜、辣椒各20克

调料 鸡汤500克，盐3克，胡椒粉、香油各适量

做法

① 豆腐丝焯水备用；辣椒洗净切丝；虾仁、青菜洗净。

② 起锅点火，倒入鸡汤，放入豆腐丝，加适量盐煮开。

③ 放入虾仁、辣椒丝，大火煮5分钟。

④ 放几根青菜，撒入胡椒粉即可起锅，淋上香油。

浓汤大豆皮

⏰ 制作时间 **12分钟**

材料 大豆皮200克，肥肉100克

调料 盐3克，红椒20克，高汤300克

做法

① 将大豆皮、肥肉、红椒洗净，切条。

② 锅中加油烧热，放入大豆皮、肥肉、红椒翻炒至熟。

③ 倒入高汤煮至熟软，最后调入盐即可。

腊肉煮腐皮

⏰ 制作时间 **15分钟**

材料 腊肉、虾仁各100克，豆腐皮200克，萝卜20克，土豆30克，红椒、青椒各10克

调料 盐5克，料酒10克，鸡精2克，香菜少许

做法

① 所有原材料治净切好。

② 热锅入油，放腊肉炒至出油，放入豆腐皮、萝卜丝、土豆丝、青椒、红椒、虾仁，稍翻炒。

③ 烹入料酒、鸡精、盐，加适量水煮熟，撒上香菜即可。

胡萝卜丝煮珍珠贝

制作时间 7分钟

材料 胡萝卜20克，珍珠贝100克，上海青50克

调料 盐3克，葱少许

做法

1. 胡萝卜洗净，切成丝。
2. 珍珠贝洗净；上海青洗净，去叶留梗；葱洗净，切末。
3. 锅中加油烧热，放入珍珠贝略炒后，注水煮至沸，加入胡萝卜丝、上海青、葱末焖煮。
4. 再加入盐调味即可。

红油金针菇

制作时间 10分钟

材料 金针菇400克，红油50克

调料 盐2克，老抽、蚝油各10克，葱少许

做法

1. 金针菇洗净；葱洗净，切花。

2. 锅置于火上，下蚝油炒至闻香，放入金针菇稍翻炒后，加入红油、盐、老抽，并注水焖煮5分钟左右。

3. 起锅装盘，撒上葱花即可。

红枣鸭子

⏰ 制作时间 **30分钟**

材料 肥鸭半只，猪骨500克，红枣125克

调料 清汤、冰糖汁各2500克，胡椒5克，葱末、姜片、白糖10克，味精、盐、水豆粉各适量

做法

① 鸭洗净，入沸水锅焯水捞出，用料酒抹遍全身，于七成热油锅中炸至微黄捞起，沥油后切条待用。

② 锅置旺火上，入清汤、猪骨垫底，后放入炸鸭煮沸，去浮沫，下姜、葱、胡椒、料酒、白糖、冰糖汁、盐，转小火煮。

③ 至七成熟时放入红枣，待鸭熟枣香时捞出，鸭脯朝上摆盘中。锅内用水豆粉、味精将原汁勾芡，淋遍鸭身即可上桌。

青螺炖鸭

制作时间
40分钟

材料 鸭半只（约450克）、鲜青螺肉200克，熟火腿25克，水发香菇150克

调料 盐、冰糖各适量，葱段10克，姜片10克

做法

1️⃣ 鸭治净，放入冷水锅中煮开，捞出。转放砂锅中，加水至将其淹没，旺火烧开，撇去浮沫，转小火炖至六成熟时加盐、葱、姜、冰糖，炖至九成熟。

2️⃣ 火腿、香菇切丁，与净青螺一同入砂锅，加适量水用旺火烧约10分钟。

3️⃣ 捞起鸭，剔去大骨，保持原形，大骨垫汤碗底，鸭肉盖上面。拣去葱、姜，捞青螺、火腿、香菇放于鸭肉上，浇上原汤即成。

第 4 部分
家常
小海鲜

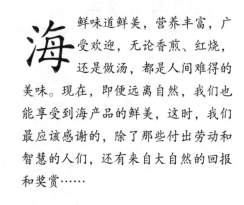

海鲜味道鲜美，营养丰富，广受欢迎，无论香煎、红烧，还是做汤，都是人间难得的美味。现在，即便远离自然，我们也能享受到海产品的鲜美，这时，我们最应该感谢的，除了那些付出劳动和智慧的人们，还有来自大自然的回报和奖赏……

烹饪海鲜有讲究

海鲜菜，因所选择的原料新鲜，且讲究口味清淡，注重营养，要想烹饪出鲜香脆嫩、味美可口、风味别致的海鲜菜，在烹饪时应注意以下几点：

鱼肉怎样炒才不会散

要想炒得鱼肉不散，应注意以下三点：

1.要选新鲜的鱼，鱼肉要有弹性，且肉质要结实。

2.切鱼肉时，刀口倾斜切入，下刀方向最好顺着鱼刺。以免切韧性较强的鱼皮时，把下面的鱼肉同时挤碎。正确的方法是：先看清鱼肉生长的方向，再斜入刀口，将鱼肉片下。

3.入锅前，在鱼身上蘸上粉料，可起到保护作用，让鱼肉不散。

巧煎鱼不溅油

要煎出一尾金黄香酥的鱼，真是太不容易了，除了怕鱼破皮外，鱼在油锅里噼里啪啦响，油溅得到处都是，让人心惊胆战。如何才能防止不溅油呢？

煎鱼会溅油是因为鱼的表面沾有水分，碰到热油时油就会外溅。因此，鱼在入锅时，须先用纸巾彻底拭干水分。除了从鱼身到鱼腹内部全都擦干外，也别忘了用刀尖戳破眼睛，防止眼睛中的水分遇热油爆。

1.加盐防油爆

先用盐略腌一下再煎。腌过盐后，鱼身会出水，拭干水分后，只要在入锅前在表面撒上薄薄一层干粉，封住水分就能保持干燥了。如果是直接干煎的话，除了拭干水分，入锅前撒上少许盐，也可防止油爆。

2.安全措施靠锅盖

鱼鳞下的脂肪总会在入锅后，出其不意地溅出来。除了以少量油滑锅和拭干水分外，盖上锅盖煎也是重要的保护措施。除了防油爆、油烟外，盖上锅盖还可以让热气循环，节省火力。

鱿鱼、章鱼等头足类海鲜如何烹制

鱿鱼、章鱼都是非常受欢迎的头足类海鲜，不过处理不当往往会变得像橡皮筋一样又硬又咬不动，那么怎么煮既能熟也不老呢？

以鱿鱼为例，鱿鱼采用泡熟的方式会获得最佳效果。由于头足类易熟也容易变老，所以当滚水煮开后，放入鱿鱼时要转成小火，使锅中水保持微微冒泡、不能大滚的状态，以免鱿鱼缩小，变得干硬。以一尾鱿鱼为例，以小火煮1分钟后，熄火焖5分钟就完成了。也可以用红茶入菜为鱿鱼去腥增香；同时加入两种茶叶，可让香气和颜色互补，效果更好。

蟹

◆**功效：**

1. 增强免疫力：蟹含有丰富的维生素A，对提高机体免疫力有着重要作用。

2. 开胃消食：蟹中的维生素 B_1 可帮助消化，改善食欲不振的状况。

3. 补血养颜：蟹中富含维生素A、铁、钙、磷等，常吃有养颜补血功效。

食用禁忌

◎蟹＋茄子＝导致腹泻

蟹肉性味咸寒，茄子甘寒滑利，二物同属寒性，同食有损肠胃，会导致腹泻。

◎蟹＋香菇＝容易引起结石

香菇和蟹同食，会使人体中的维生素D含量过高，造成体内钙质增加，长期食用易引起结石症状。

◎肠胃病患者和胆囊炎、肝炎患者切忌进食螃蟹。

营养黄金组合

◎蟹＋山药＝滋补养颜

蟹有滋肝阴、充胃液的功效，与山药同食有滋补养颜的作用。

◎蟹＋大蒜＝养精益气

蟹与大蒜同食，有养精益气、解毒的功效。

钵钵香辣蟹

⏰ 制作时间 **20分钟**

材料 肉蟹450克，干红椒50克

调料 盐3克，淀粉、花椒、辣酱各适量，香菜10克

做法

① 肉蟹治净，斩块，表面拍上淀粉备用；干红椒洗净，切段；香菜洗净。

② 油锅烧热，放入肉蟹用小火炸1分钟，捞出控油。

③ 另起油锅，放入花椒、干红椒爆香，放入肉蟹，加适量水焖熟。

④ 加盐、辣酱调味，起锅装盘，撒上香菜即可。

金牌口味蟹

⏰ 制作时间 **8分钟**

材料 螃蟹1000克

调料 红椒节、干淀粉、豆豉、蒜、料酒、高汤、老抽、豆瓣酱、糖、醋、盐、鸡精各适量

做法

① 螃蟹治净，将蟹钳与蟹壳分别斩块，撒上干淀粉抓匀，油锅烧热，下蟹块炸至表面变红，捞出沥干油。

② 油锅烧热，将豆豉、红椒节、蒜爆香，下蟹块，加入其他调味料煮至入味即可。

鼎上清炒蟹粉

⏰ 制作时间 **40分钟**

材料 大闸蟹250克，上海青100克

调料 素红油50克，淀粉、米醋、胡椒粉5克，姜15克

做法

 将大闸蟹洗净，入沸水中煮熟，去壳；上海青焯

水备用。

② 素红油下锅，加入蟹肉煸炒至香，放入调味料炒匀，加入米醋。

③ 用淀粉打薄芡，即可出锅，周围标上海青装饰即可。

花蟹海鲜汤

制作时间
40分钟

材料 花蟹600克，牛肉馅(牛臀肉)120克，豆腐80克，香菇10克，绿豆芽80克，萝卜150克，面粉35克，鸡蛋60克，茼蒿40克

调料 清酱3克，葱末2.3克，芝麻盐1克，胡椒粉2克，盐8克，不捣碎的芝麻1克，芝麻油6克，大酱17克，辣椒酱76克，葱20克，蒜泥16克，生姜汁2.75克

做法

① 花蟹挖出蟹肉，沥去水分。牛肉馅放入调味酱料搅拌调味；豆腐用棉布挤沥并压碎；香菇浸水，捞出去蒂后切细；萝卜切块。锅里倒入水

后，将大酱与辣椒酱用筛子过滤后放入，再放入蟹腿与萝卜以大火煮2分钟至沸腾，转中火续煮成蟹汤后，捞出蟹腿。将准备好的所有的材料与馅的调料放入蟹肉里搅拌，做成馅，在蟹壳里面涂抹面粉，放入馅将蟹壳塞满。

② 在塞满馅的一面蘸上面粉、鸡蛋液，用中火煎1分钟左右，蘸上鸡蛋液续煎1分钟左右。

③ 蟹汤里放入煎好的花蟹煮至沸腾，转中火续煮10分钟左右，放入葱、蒜泥、生姜汁、盐、茼蒿后再煮一会儿，即可食用。

鳕鱼

◆功效：

1. 增强免疫力：鳕鱼的有效成分能增强机体及呼吸系统的抗病力，提高免疫力。

2. 提神健脑：鳕鱼富含DHA，可以提高大脑的功能，增强记忆力。

3. 养心润肺：鳕鱼肉中含有丰富的镁元素，对心血管系统有很好的保护作用，有利于预防心血管疾病。

4. 降低血糖：鳕鱼胰腺含有大量的胰岛素，有较好的降血糖作用。

食用禁忌

◎鳕鱼＋咖喱＝对身体不利

鳕鱼富含钾，与咖喱一同食用，会增加体内钾含量。

◎鳕鱼＋腊肉＝产生致癌物

鳕鱼与腊肉同食会在肠胃中合成致癌物亚硝胺。

营养黄金组合

◎鳕鱼＋奶酪＝强健骨骼

鳕鱼和奶酪都是富含钙质的食材，二者一起食用，有强健骨骼和牙齿的作用。

◎鳕鱼＋芥蓝＝降低胆固醇

鳕鱼含有牛磺酸，芥蓝富含膳食纤维，二者一起食用，可降低胆固醇。

实用小贴士

选购鳕鱼的时候，要注意看看鳕鱼的表面，表面上如果是一层薄薄的冰，就说明是一次冻成的。如果冰厚的话，说明可能加过水或是经过二次加工了。二次加工的较为不新鲜，最好不要买。

红豆鳕鱼

制作时间 **12分钟**

材料 红豆50克，鳕鱼150克，鸡蛋1个

调料 料酒50克，盐3克，淀粉10克，香油少许

做法

① 鳕鱼取肉洗净切成小丁，加盐、料酒拌匀，用蛋清、淀粉上浆。

② 锅中注水，倒入红豆煮沸；油烧热，入鳕鱼滑炒至熟盛出。

③ 锅中再入水、盐，倒入鱼丁和红豆。

④ 用淀粉勾芡，炒匀，淋少许香油即可。

风沙鳕鱼

制作时间 **25分钟**

材料 鳕鱼250克，面包糠、熟芝麻、肉松各适量

调料 盐2克，生抽8克

做法

① 鳕鱼取中段洗净，用盐、生抽抹匀，腌渍片刻。

② 鳕鱼装盘，入烤箱烤15分钟后取出。

③ 撒上面包糠、熟芝麻、肉松即可。

黄鱼

◆功效：

1. 防癌抗癌：黄鱼中含微量元素硒，能够清除人体代谢中的废弃自由基，能有效预防癌症，延缓衰老。

2. 增强免疫力：黄鱼中含有多种氨基酸，有增强免疫力、改善机能的作用。

3. 补血养颜：黄鱼含有丰富的蛋白质、微量元素和维生素，对人体有很好的补益作用，有很好的补血功效。

4. 保肝护肾：中医认为黄鱼味甘咸、性平，有益肾补虚、益气填精的功效。

（食用禁忌）

◎黄鱼＋荞麦面＝影响消化

黄鱼与荞麦面同食，会影响消化。

◎黄鱼＋毛豆＝破坏维生素吸收

黄鱼与毛豆同食，会破坏毛豆中的维生素 B_1。

胃呆痰多者、哮喘病人、过敏体质者慎食。

（营养黄金组合）

◎黄鱼＋豆腐＝促进钙的吸收

黄鱼与豆腐同食能提高人体对钙的吸收率，还可改善儿童佝偻病、老年人骨质疏松症等多种疾病。

▌泡椒黄鱼

⏰制作时间 **20分钟**

材料 黄鱼600克

调料 豆瓣酱、盐各5克，香油、红油各少许，泡椒20克，葱花、姜末、料酒各15克

做法

① 黄鱼治净，在鱼身两侧剖上花刀，用盐腌一下。

② 油锅烧热，放豆瓣酱、姜末煸出香味，放黄鱼煎至两面金黄。

③ 再加泡椒、红油、料酒及少许水焖干，撒入葱花，淋上香油。

▌雪里蕻黄鱼

⏰制作时间 **40分钟**

材料 黄鱼1条，雪里蕻100克

调料 料酒10克，盐5克，胡椒粉3克，熟油15克，生抽8克，白糖12克，红辣椒2个

做法

① 黄鱼宰杀治净，在鱼身上划两刀，用料酒、盐和胡椒粉腌20分钟；红辣椒洗净切末；雪里蕻洗净，切末。

② 鱼放入盘中，放上雪里蕻和红辣椒末，调入熟油、生抽、白糖和适量水。

③ 盖上保鲜膜后放入微波炉中加热7分钟即可。

鳜鱼

◆功效：

1. 开胃消食：桂花鱼肉质细嫩，极易消化，最适合儿童、老人及体弱、脾胃消化功能不佳的人。
2. 补血养颜：桂花鱼富含蛋白质、脂肪、维生素A、钙、磷、铁、尼克酸等，有补血养颜的功效。
3. 防癌抗癌：桂花鱼含有维生素B$_2$，可分解和氧化人体内的致癌物质。

4. 增强免疫力：桂花鱼富含蛋白质及多种维生素，能增强机体的免疫能力。

食用禁忌

◎鳜鱼＋甘草＝引起中毒

鳜鱼与甘草同食，会引起中毒。

营养黄金组合

◎鳜鱼＋胡萝卜＝营养丰富

鳜鱼与胡萝卜同食，含有丰富的营养。

◎鳜鱼＋桂花＝益气血、健脾胃肠

鳜鱼与桂花同食，具有益气血、健脾胃肠作用。

姜葱鳜鱼

制作时间 **20分钟**

材料 鳜鱼1条，姜60克，葱20克

调料 盐3克，味精、白糖各5克，鸡汤60克

做法

① 鳜鱼治净，待用。
② 姜洗净切末；葱洗净切花。
③ 锅中注适量水，待水沸时放入鳜鱼煮至熟，捞出沥水装盘。
④ 锅中油烧热，爆香姜末、葱花，调入鸡汤、盐、味精、白糖煮开，淋在鱼身上即可。

川椒鳜鱼

制作时间 **25分钟**

材料 鳜鱼500克，青椒、红椒各200克

调料 盐5克，味精3克，红油、香油、辣椒油各适量

做法

① 将鳜鱼洗净，去内脏，将头与尾取下，鱼肉切片。
② 青椒、红椒洗净切圈，待用。
③ 油锅烧热，将鱼头、鱼尾、鱼片放入，煎至表面变色，加入适量水焖煮。
④ 放入青椒、红椒、盐、红油、香油、辣椒油炒熟，放入味精调味，拌匀即可出锅装盘。

鲫鱼

◆功效：

1. 养心润肺：鲫鱼是肝肾疾病、心脑血管疾病患者的良好蛋白质来源。
2. 增强免疫力：鲫鱼含有丰富的蛋白质、脂肪，并含有大量的钙、磷、铁等矿物质，常食可增强抗病能力。
3. 补血养颜：鲫鱼含有丰富的铁，铁参与血蛋白、细胞色素及各种酶的合成，有补血养颜的功效。

食用禁忌

◎鲫鱼＋猪肝＝降低营养

鲫鱼含有多种生物活性物质，和猪肝同时食用会降低猪肝的营养价值，还会导致腹痛、腹泻。

◎鲫鱼＋芥菜＝引发水肿

鲫鱼性属甘温，如与芥菜同食，会引发水肿。阳虚、内热者不宜食用，易生热而生疮疡者忌。

营养黄金组合

◎鲫鱼＋漏芦＋钟乳石＝下乳汁

漏芦、钟乳石均能下乳汁，鲫鱼更能补气生血、催乳。此方用于产后气血不足、乳汁减少。

香葱烤鲫鱼

⏱制作时间 15分钟

材料 鲫鱼2条，葱50克

调料 盐3克，醋8克，酱油15克，香油、水淀粉、料酒各少许

做法

① 葱洗净，取绿色部分切成长段，用沸水焯一下，捞起沥干备用。

② 鲫鱼治净，加入盐、酱油、料酒腌渍，在鱼身上铺上葱段。

③ 将酱油、盐、醋调匀，以水淀粉勾芡，再拌入香油，淋在鱼身上入微波炉烤熟。

红烧鲫鱼

⏱制作时间 15分钟

材料 鲫鱼1条，红辣椒2个

调料 生姜末、蒜末、油、盐、酱油、醋、黄酒各适量

做法

① 将鲫鱼去鳞洗净，在背上划上花刀，加盐腌渍。

② 锅中油烧沸后，把鱼放入锅中煎炸，放少许生姜于其上。

③ 将红辣椒、蒜置于油中煎香，再将鱼和作料放在一起，加入少量的水混在一起煮，最后放入少量的黄酒、酱油和醋即可。

福寿鱼

◆功效：

1. 增强免疫力：福寿鱼含有丰富的蛋白质及氨基酸、矿物质、维生素等，能补充营养，增强免疫能力。
2. 提神健脑：福寿鱼肉中富含蛋白质，氨基酸的含量也高，可促进智力发育。
3. 养心润肺：福寿鱼有利于改善心血管功能，有预防心脑血管疾病的作用。
4. 防癌抗癌：福寿鱼含有不饱和脂肪酸，可以缓解类风湿性关节炎，还可以预防部分癌症的发生。

食用禁忌

◎福寿鱼 + 鸡肉 = 降低营养价值

福寿鱼与鸡肉营养都丰富，但是两者同食不仅会降低营养价值还会对人体不利。

◎福寿鱼 + 干枣 = 令人腰腹作痛

福寿鱼与干枣同食，会令人腰腹作痛。

胃虚弱者不能常吃，有慢性胃炎及胃与十二指肠溃疡的老人忌吃。

营养黄金组合

◎鳜鱼 + 胡萝卜 = 营养丰富

◎福寿鱼 + 豆腐 = 补钙

福寿鱼与豆腐同食，有补钙的功效，同时还可以养颜。

◎福寿鱼 + 西红柿 = 营养丰富

福寿鱼与西红柿同食，能增加营养，对人体有利。

实用小贴士

福寿鱼选购时以挑选500克左右的鱼为佳，过大的福寿鱼肉质较粗，泥腥味也重，味道也不够鲜美。

清蒸福寿鱼

制作时间 20分钟

材料 福寿鱼1条，姜5克，葱3克
调料 盐2克，味精3克，生抽10克，香油5克

做法

① 福寿鱼去鳞和内脏洗净，在背上划花刀；姜洗净切片；葱洗净，葱白切段，葱叶切丝。

② 将鱼装入盘内，加入姜片、葱白段、味精、盐，放入锅中蒸熟。

③ 取出蒸熟的鱼，在盘中淋上生抽、香油，撒上葱叶丝即可。

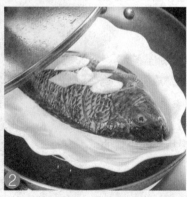

墨鱼

◆功效:

1. 补血养颜: 墨鱼中含有丰富的钙、磷、铁元素, 可预防贫血, 同时也有很好的补血作用。
2. 保肝护肾: 墨鱼味咸、性温, 有补益精气、补肝益肾、滋阴的功效。
3. 增强免疫力: 墨鱼含有丰富的蛋白质和多种氨基酸, 能增强人体自身的免疫力。
4. 提神醒脑: 墨鱼富含 EPA、DHA, 加上含大量牛磺酸, 能补充脑力。

食用禁忌

◎墨鱼＋茄子＝损肠胃

茄子与墨鱼同食, 容易对人的肠胃产生危害。

◎墨鱼＋果汁＝影响蛋白质的吸收

墨鱼与果汁同食, 会影响人体对蛋白质的吸收。

癌症、糖尿病和高血压患者忌食, 消化能力弱的老人和幼儿也不要食用。

营养黄金组合

◎墨鱼＋木瓜＝补肝肾

墨鱼与木瓜同食, 有乌发须、护眉毛、补肝肾的功效。

◎墨鱼＋韭菜＝滋阴补血

墨鱼与韭菜同食, 有滋阴补血的功效。

富贵墨鱼片

制作时间 8分钟

材料 墨鱼片150克, 西兰花250克

调料 盐、味精、香油各少许, 姜、笋片各5克, 干葱花3克

做法

① 将墨鱼片洗净; 西兰花洗净、切成小朵, 待用。
② 净锅置火上, 放水烧开, 下入西兰花焯熟, 排在碟上。
③ 把墨鱼片加盐、味精、香油等调料炒好, 放在西兰花上即可。

XO酱蒸墨鱼

制作时间 8分钟

材料 墨鱼仔400克, 金针菇200克

调料 XO酱50克, 盐4克, 味精2克

做法

① 金针菇洗净, 放入盘底。
② 将墨鱼仔剥去皮, 挖去内脏后, 用XO酱、盐、味精腌好, 放在金针菇上。
③ 将装好墨鱼仔和金针菇的盘放入蒸锅中蒸10分钟, 取出即成。

虾

◆功效：

1. 提神健脑：虾中含有较多的B族维生素和锌，对改善记忆力有帮助。
2. 增强免疫力：虾中含有较多的锌、镁矿物质，可以增强人体的免疫功能。
3. 补血养颜：虾含有的铁可协助氧的运输，预防缺铁性贫血，有很好的补血功效。
4. 养心润肺：虾中含有丰富的镁，能很好地保护

心血管系统，有利于预防高血压及心肌梗死。

食用禁忌

◎虾＋红枣＝可能引起中毒

红枣和虾同食，可能会合成有毒物质。

◎虾＋南瓜＝导致痢疾

南瓜与虾肉中的微量元素易发生反应，导致痢疾。

营养黄金组合

◎虾＋豆腐＝滋补身体

豆腐中含有丰富的蛋白质，虾肉中含有多种微量元素，同时食用有很好的滋补作用。

青红椒炒虾仁

制作时间 8分钟

材料 虾仁200克，青椒100克，红椒100克，鸡蛋1个

调料 味精、盐、胡椒粉、淀粉各少许

做法

❶ 青、红椒洗净，切丁备用；鸡蛋打散，搅拌成蛋液。

❷ 虾仁洗净，放入鸡蛋液、淀粉、盐码味后过油，捞起待用。

❸ 锅内留少许油，下青、红椒炒香，再放入虾仁翻炒入味。

❹ 起锅前放入胡椒粉、味精、盐调味即可。

核桃仁炒虾球

制作时间 8分钟

材料 虾100克，核桃仁200克，青椒15克，红椒10克

调料 盐3克，味精1克，醋8克，生抽12克

做法

❶ 虾治净，取虾仁备用；核桃仁洗净；青、红椒洗净，切斜片。

❷ 锅内注油烧热，放入虾仁炒至变色后，加入核桃仁、青椒、红椒炒匀。

❸ 再加入盐、醋、生抽炒至熟，加入味精调味，起锅装盘即可。

向阳虾

制作时间 20分钟

材料 鸡蛋4个，虾仁100克，青椒丝、红椒片、豌豆、黄瓜各适量

调料 盐2克，香油、红椒末各适量

做法

①豌豆洗净，焯水后捞出；黄瓜洗净，切片；鸡蛋磕入碗中，放盐搅匀；虾仁洗净切末。

②油锅烧热，放入虾仁末、红椒末煸炒，撒入盐，倒入蛋液，煎熟后装盘。

③用豌豆、青椒、红椒片、黄瓜装饰，淋香油。

苦瓜虾仁

制作时间 10分钟

材料 苦瓜200克，虾仁150克

调料 盐3克，淀粉25克，香油8克

做法

①苦瓜洗净，剖开，去除瓤，切成薄片，放在盐水中焯一下，装入盘中。

②虾仁洗净，用盐、淀粉腌5分钟，下入油锅滑炒至呈玉白色。

③将虾仁捞出，盛放在苦瓜上，再淋上香油即可。

虾仁芙蓉炒海鲜

制作时间 12分钟

材料 虾仁、蟹柳各100克，鸡蛋3个，菜心适量

调料 盐、味精各2克，料酒、鱼子酱适量

做法

①菜心取梗洗净，切丁；虾仁、蟹柳治净，用料酒腌渍后将蟹柳切小片。

②鸡蛋磕入碗中，加盐、味精搅拌均匀。

③油锅烧热，倒入虾仁、蟹柳、菜心、鸡蛋液，炒熟后装盘，放鱼子酱即可。

双味大明虾

制作时间
15分钟

材料 明虾300克，红椒末适量

调料 盐、味精各2克，葱花、蒜末、料酒、香油、胡椒粉各适量

做法

① 将胡椒粉、盐、味精、香油搅拌成味汁。

② 明虾治净，从背部片成腹部相连的片，轻斩几刀以便入味，用料酒略腌。

③ 将红椒末、蒜末分别平铺到虾肉两侧，撒上葱花。

④ 淋上味汁，放入烤箱烤熟即可。

秘制虾蛄王

制作时间
25分钟

材料 虾蛄500克，小尖椒30克

调料 葱30克，红油30克，香油20克，盐5克

做法

① 虾蛄治净，入沸水中氽熟摆盘；葱洗净切成葱花；小尖椒洗净，切块。

② 炒锅烧热加油，下香油、红油、小尖椒、盐，一起炒匀加适量清水煮开。

③ 再加入虾蛄焖至入味。

④ 盛出，撒上葱花即可。

宫保鲜虾球

制作时间
18分钟

材料 大虾300克，腰果、莴笋各100克

调料 盐2克，料酒、干红椒、水淀粉、葱花适量

做法

① 腰果洗净；干红椒切段；莴笋去皮洗净，切成薄片焯水；大虾治净，将头、尾切开，肉剁成泥捏成肉球，裹上水淀粉。

② 油锅烧热，放入虾球炸至金黄色，放入腰果、干红椒爆炒熟。

③ 出锅前放葱花、料酒、盐调味，用莴笋、虾头、虾尾摆盘饰边。

蒜皇咖喱炒海虾 ⏰ 制作时间 25分钟

材料 海虾400克，辣椒30克，牛油10克，洋葱20克，蒜15克

调料 咖喱粉10克，糖10克，盐8克

做法

①海虾治净；辣椒洗净切块；洋葱洗净切块；蒜去皮剁蓉。

②锅中注油烧热，放入海虾炸至金黄色，捞出沥油。

③牛油烧热，爆香辣椒、洋葱、蒜蓉，倒入海虾调入调味料炒匀至入味，即可出锅。

鱿鱼

◆功效：

1. 补血养颜：鱿鱼含有丰富的铁，对于补血有着重要意义。
2. 增强免疫力：鱿鱼丰富的蛋白质中含有多种氨基酸，它能显著提高人体自身免疫力。
3. 防癌抗癌：鱿鱼中的微量元素硒，能够清除人体代谢中的废弃自由基，能有效预防癌症，延缓衰老。
4. 滋阴养胃：鱿鱼有滋阴养胃、补虚泽肤的功效，具有解毒、排毒功效。

食用禁忌

◎鱿鱼＋蜂蜜＝易导致重金属中毒

鱿鱼与蜂蜜同食，容易使人产生重金属中毒。

◎鱿鱼＋橘子＝易中毒

鱿鱼与橘子同食，容易产生有毒物质。

营养黄金组合

◎鱿鱼＋木耳＝使皮肤嫩滑

鱿鱼含有丰富蛋白质，与木耳同食，可使皮肤嫩滑且有血色。

◎鱿鱼＋虾仁＋豆腐＝补钙

鱿鱼与虾仁、豆腐同食，有补钙的功效，同时还可以养颜。

泡萝卜炒鲜鱿

制作时间 25分钟

材料 鲜鱿400克，泡萝卜片、青红椒各适量

调料 蚝油5克，盐5克，鸡精2克，姜10克

做法

1. 鲜鱿治净切花状；姜去皮切片；青、红椒去籽去蒂洗净切片。
2. 锅上火，加入适量清水，烧沸，放入鱿鱼，煮约1分钟，捞出沥干水分。
3. 油烧热，入泡萝卜、姜片、青红椒片、鱿鱼同炒，加入蚝油、盐、鸡精炒匀至熟入味，即可出锅。

豉油王吹筒

制作时间 18分钟

材料 鱿鱼筒250克，姜1块，葱2棵

调料 盐2克，酱油8克

做法

1. 鱿鱼筒洗净；姜洗净、切末；葱洗净、切丝，备用。
2. 锅中放油烧热，放入鱿鱼筒稍炸，捞出。
3. 炒锅内留少许油，爆香姜末、葱丝，加入鱿鱼筒。
4. 调入酱油、盐一起炒匀至熟即可。

飘香鱿鱼花

⏰ 制作时间 **10分钟**

材料 鱿鱼300克，麻花100克

调料 盐3克，味精1克，生抽、青椒、红椒各少许

做法

❶ 鱿鱼洗净，打上花刀，再切成块；麻花掰成条；青椒、红椒洗净，切片。

❷ 锅内注油烧热，放入鱿鱼炒至将熟，加入麻花炒匀。

❸ 再加入青椒、红椒炒至熟，加入盐、生抽、味精调味，起锅装盘即可。

洋葱炒鱿鱼

⏰ 制作时间 **12分钟**

材料 鱿鱼500克，洋葱1个，红辣椒2个

调料 郫县豆瓣酱10克，盐、白糖、五香粉各适量

做法

❶ 鱿鱼治净，切丝；洋葱洗净，切丝；红辣椒去蒂和籽，洗净，切丝；豆瓣酱剁碎。

❷ 锅置旺火上，加油烧热，放入红辣椒丝翻炒，下入郫县豆瓣酱炒香，再放入鱿鱼丝和洋葱丝一起炒熟。

❸ 加盐、白糖、五香粉调味，炒匀即可。

鳝鱼

◆功效：

1. 提神健脑：鳝鱼中的卵磷脂能够改善记忆力，具有补脑的功效，对改善压力造成的记忆力与专注力退化有益。
2. 增强免疫力：鳝鱼中所含的钾有改善机体、增强免疫力的功效。
3. 降低血糖：鳝鱼肉所含的鳝鱼素能降低血糖和调节血糖，对糖尿病有较好的改善作用。
4. 补血养颜：鳝鱼含有多种维生素和矿物质，有补血养颜的功效。

食用禁忌

◎鳝鱼＋皮蛋＝伤身

鳝鱼与皮蛋营养价值都很高，但同食用易伤身。

◎鳝鱼＋狗肉＝伤肝

鳝鱼性温，狗肉温热，同食会助热动风，易伤肝。

营养黄金组合

◎鳝鱼＋莲藕＝维持酸碱平衡

鳝鱼属酸性食物，藕属碱性食物，同食有助于维持人体酸碱平衡、强肾壮阳。

◎鳝鱼＋青椒＝降血糖

青椒有温中、消食之功效，鳝鱼有补中益血、除湿益气之功效，同食对糖尿病患者有降血糖作用。

芹菜炒鳝鱼

制作时间 15分钟

材料 芹菜200克，鳝鱼25克

调料 盐4克，葱、姜各适量

做法

① 将芹菜洗净后，切成小段，待用。
② 葱洗净切段；姜洗净切丝。
③ 将鳝鱼洗净，切成片，用盐腌渍入味。
④ 锅上火，加油烧热，爆香葱、姜后，下入鳝鱼爆炒。
⑤ 再加入芹菜段炒匀，调入盐即可。

老干妈炒鳝片

制作时间 14分钟

材料 鳝鱼400克，红尖椒30克，高汤各适量

调料 老干妈10克，盐、姜丝、蒜末、料酒各适量

做法

① 鳝鱼洗净切片，用盐、料酒腌渍约5分钟。
② 起锅入油，将姜丝、蒜末倒入，煸出香味后入红尖椒并炒至半熟，加鳝鱼段。
③ 接着加入老干妈、料酒、高汤，爆炒2分钟，即可装盘。

宫灯鳝米

⏰ 制作时间 **20分钟**

材料 鲜鳝肉200克，胡萝卜20克，青椒、冬笋各50克

调料 盐、料酒、葱末、高汤、蛋清、淀粉各适量

做法

① 鳝鱼治净，切成米粒状，装入碗，加盐、料酒、蛋清、淀粉上浆。

② 冬笋、青椒、胡萝卜洗净切成米粒状。

③ 油锅烧热，投入鳝米滑油至熟。

④ 锅留油煸香葱末，加高汤，下原材料炒熟，勾芡即可。

豉椒鳝鱼片

⏰ 制作时间 **18分钟**

材料 鳝鱼肉500克，豆豉15克，青红辣椒片各50克

调料 酱油、淀粉、绍酒各6克，盐、白糖各4克，芡汤适量

做法

① 将鳝鱼治净，切片。

② 将酱油、白糖、淀粉、芡汤调成芡汁。

③ 炒锅置火上，入油烧热，下鳝片过油至刚熟，取出沥油。

④ 炒锅回放火上，入豆豉略爆，放入鳝片，烹绍酒，勾芡，随即放青红辣椒片，淋油即成。

三色鳝丝

⏰ 制作时间 **20分钟**

材料 鳝鱼400克，青笋50克，香菇20克，火腿各30克

调料 盐4克，姜丝、葱丝、香油各10克

做法

① 鳝鱼治净，去骨取肉洗净切丝。

② 青笋、香菇、火腿洗净，均切成丝备用。

③ 锅上火，炒香姜、葱丝，加入适量鲜汤。

④ 调入盐放入鳝丝及青笋丝、香菇丝、火腿丝炒入味，淋上香油即成。

蛏子

◆功效：

1. 增强免疫力：蛏含有维生素A，有增强人体免疫力的功效。

2. 补血养颜：蛏富含维生素A、铁、钙、磷等，常吃有补血养颜的功效。

3. 防癌抗癌：蛏富含硒，可增强机体抗肿瘤的免疫力，有防癌抗癌的作用。

食用禁忌

◎蛏子＋木瓜＝引起腹痛

蛏子与木瓜同食，会引起腹痛、头晕、冒冷汗。蛏子为发物，过量食用可引发慢性疾病。脾胃虚寒、腹泻者应少食。

营养黄金组合

◎蛏子＋豆腐＝增强营养

蛏子含有丰富的营养物质，与豆腐同食可增强营养，提高机体的免疫能力。

实用小贴士

1. 蛏子买回来应放在盐水里让其吐去泥沙。

2. 买蛏子的时候千万别选择肥肥胖胖的，有注水之嫌。

酱汁蛏子

⏰ 制作时间 7分钟

材料 蛏子300克，韭黄100克

调料 盐3克，味精1克，醋10克，酱油15克，青椒、红椒各少许

做法

① 蛏子去壳洗净；韭黄洗净，切成小段；青椒、红椒洗净，切小片。

② 锅内加油烧热，放入蛏子、韭黄、青椒、红椒翻炒5分钟。

③ 再加盐、味精、醋、酱油调味，即可装盘。

辣爆蛏子

⏰ 制作时间 8分钟

材料 蛏子500克，干辣椒、青椒、红椒各适量

调料 盐3克，味精1克，酱油10克，料酒15克

做法

① 蛏子治净，放入温水中汆过后，捞起备用；青椒、红椒洗净切成片；干辣椒洗净，切段。

② 锅置火上，注油烧热，下料酒，加入干辣椒段煸炒后放入蛏子翻炒，再加入盐、酱油、青椒片、红椒片炒至入味。

③ 加入味精调味，起锅装盘即可。

第5部分

家常料理

料理的制作，要求材料新鲜，切割讲究，摆放艺术化，注重"色、香、味、器"的和谐统一。

色自然、味鲜美、形多样、器精良是料理的最高境界。如今，饮食的多样化和国际化成为追求美食的人们的另一番享受，于是，自家厨房也变成了烹饪料理的绝佳现场……

刺身

刺身是来自日本的一种传统食品，也是最出名的日本料理之一。它是将新鲜的鱼、乌贼、虾、章鱼、海胆、蟹、贝类等，采用特殊刀工切成片、条、块等形状，蘸着山葵泥、酱油等作料，直接生吃的一种料理。它通常出现在套餐中或是桌菜里，同时也可以作为下酒菜、配菜或是单点的特色菜。在中餐里，一般可视为冷菜的一部分，它以漂亮的造型、新鲜的食材、柔嫩鲜美的口感，以及带有刺激性的调味料广受人们喜爱。

什锦海鲜刺身拼盘
制作时间 25分钟

材料 金枪鱼、三文鱼、鱿鱼、元贝、章红鱼、章鱼、甜虾、白萝卜、黄瓜、紫苏叶、三文鱼子、柠檬各适量

调料 芥辣、日本酱油各15克

做法

1. 金枪鱼、三文鱼、鱿鱼、元贝、章红鱼、章鱼治净，切小片；甜虾治净；白萝卜切丝；黄瓜、柠檬洗净切片。

2. 盘中放入碎冰、白萝卜丝，垫上紫苏叶，放上金枪鱼、鱿鱼、元贝、章红鱼、章鱼、甜虾、黄瓜，在黄瓜和鱿鱼片上挤上三文鱼子，再放上三文鱼片、柠檬片。

3. 取芥辣和日本酱油调成味汁，吃时蘸食即可。

什锦刺身拼盘
制作时间 20分钟

材料 三文鱼150克，平目鱼、鱿鱼、章红鱼、醋青鱼、北极贝各100克，柠檬10克，圣女果适量

调料 生抽80克，芥末粉5克

做法

1. 三文鱼、章红鱼切片；北极贝切片；鱿鱼、平目鱼切片；醋青鱼切片；柠檬切片。

2. 将所有原材料摆放在刺身盘上。

3. 将生抽、芥末粉混合调为味汁，食用时蘸味汁即可。

加吉鱼刺身

⏰ **制作时间** **17分钟**

材料 加吉鱼150克

调料 蒜末、芡汁汤、鱼生酱油、醋、芥末各适量

做法

① 将加吉鱼治净，切成薄片，放入冰水中冰镇1天

后取出。

② 将加吉鱼解冻，摆入盘中。

③ 将芥末以外的调味料调匀成味汁，食用时蘸味汁及芥末即可。

日式三文鱼刺身

⏰ **制作时间** **25分钟**

材料 三文鱼500克

调料 日本酱油、芥辣各适量

做法

① 将冰块打碎，放入盘中制成冰盘。

② 将三文鱼去鳞、骨和皮，取肉洗净切片，摆入冰盘。

③ 调入日本酱油和芥辣，再加以装饰即可。

元贝刺身

⏰ 制作时间 **20分钟**

材料 元贝60克，白萝卜30克，紫苏叶20克，柠檬15克

调料 芥辣、日本酱油各10克

做法

①元贝取肉，撕去肠肚，切片，放入冰水中浸泡10分钟。

②白萝卜切丝；柠檬切片。

③盘中放入碎冰、白萝卜丝，摆上紫苏叶，把元贝和柠檬片交叉摆放好。

④取芥辣和日本酱油调成味汁，吃时蘸食。

红鱼刺身

⏰ 制作时间 **17分钟**

材料 章红鱼120克

调料 芥辣、日本酱各15克

做法

①将章红鱼治净，切成薄片，放入冰水中，浸泡10分钟。

②将冰块打碎，放在盘中，再按顺序摆好章红鱼片。

③取芥辣和日本酱油调成味汁，吃的时候蘸食即可。

芥辣海胆刺身

⏰ 制作时间 **30分钟**

材料 海胆120克，白萝卜30克，黄瓜10克

调料 芥辣、日本酱油各10克

做法

①取出海胆，放入冰水中浸泡10分钟；白萝卜洗净，切丝；黄瓜洗净，切片。

②将冰块打碎，放在盘中，摆上白萝卜丝，放上木架，摆上海胆。

③再用黄瓜做盘饰即可。

④取芥辣和日本酱油调成味汁，吃时蘸食即可。

紫苏三文鱼刺身 ⏰制作时间 25分钟

材料 三文鱼400克，紫苏叶2片，白萝卜15克
调料 酱油、芥辣、寿司姜各适量
做法

① 三文鱼治净，取肉切片；紫苏叶洗净，擦干水分；白萝卜去皮，洗净，切成细丝。

② 将冰块打碎，撒上白萝卜丝，铺上紫苏叶，再摆上三文鱼。

③ 将调味料混合，制成味汁，食用时蘸味汁即可。

豪华刺身拼盘 ⏰制作时间 70分钟

材料 三文鱼300克，章红鱼、吞拿鱼各200克，北极贝、蟹黄各100克，小龙虾1只，鲜鲍300克
调料 生抽1瓶，花椒、八角、香叶、香果各少许
做法

① 三文鱼、章红鱼切片；吞拿鱼切块。

② 北极贝治净冻一会儿，小龙虾治净取肉冻30分钟，取出切片。

③ 鲜鲍入锅，加入调味料煲熟，取出冷冻，再将所有原材料摆放在刺身盘上即可。

柠檬北极贝刺身 ⏰制作时间 20分钟

材料 北极贝130克，柠檬角1个，海草、萝卜丝、青瓜丝各适量
调料 散装芥辣、豉油各适量
做法

① 冰块打碎，装盘备用。

② 北极贝洗净切片，海草、萝卜丝、青瓜丝摆在冰上，放上北极贝片。

③ 放入柠檬角、芥辣和豉油，稍加装饰即可。

九节虾刺身 ⏰制作时间 30分钟

材料 九节虾500克
调料 青芥辣5克，日本豉油15克
做法

① 九节虾去头、剥壳后，在虾背上割一刀，但不用割穿。

② 把冰粒打碎，放在刺身盘上，再将去壳的虾整齐地放在冰上。

③ 配摆上芥辣、豉油即可。

白豚肉刺身

制作时间
20分钟

材料 白豚肉140克，柠檬角1个，海草、青瓜丝、萝卜丝各适量

调料 散装芥辣、豉油各适量

做法

① 将冰块打碎装盘，摆上海草。

② 白豚肉洗净切片，待用。

③ 将青瓜丝、萝卜丝摆在冰上，垫底，再放上白豚肉片。

④ 在白豚肉片上加入柠檬角、芥辣、豉油等调味，稍加装饰后即可。

半生金枪鱼刺身

制作时间
20分钟

材料 金枪鱼背150克，青瓜丝50克，萝卜丝50克，大叶1张，葱丝10克

调料 味椒盐、黑椒粉各5克，散装芥辣、鱼生豉油各适量

做法

① 将金枪鱼肉撒上味椒盐、黑椒粉腌制入味。

② 金枪鱼肉煎熟表面，入冰柜冷冻。

③ 将冰块打碎装盘，依次摆入大叶、青瓜丝、萝卜丝。

④ 再摆入金枪鱼肉，调入芥辣、鱼生豉油即可。

剑鱼腩刺身

制作时间
23分钟

材料 剑鱼腩150克，柠檬角1个，海草10克，萝卜丝、青瓜丝各50克

调料 散装芥辣、鱼生豉油各适量

做法

① 冰块打碎，装盘备用。

② 剑鱼抽出鱼筋，洗净切片。

③ 将萝卜丝、青瓜丝、大叶、柠檬角摆入冰盘中，再摆上鱼肉。

④ 调入芥辣、鱼生豉油等即可。

希鲮鱼刺身

制作时间 **24分钟**

材料 进口原装希鲮鱼500克

调料 日本酱油50克，芥辣30克

做法

① 将希鲮鱼解冻，切成片。

② 将切成片的希鲮鱼摆入装饰好的冰盆中。

③ 取一味碟，倒入日本酱油，调入芥辣，拌匀成调味汁，供蘸食即可。

象拔蚌刺身

制作时间 **25分钟**

材料 象拔蚌500克

调料 日本酱油50克，芥辣30克

做法

① 象拔蚌刷洗干净，切开壳，取出蚌肉。

② 锅上火，加入清水适量，烧沸，放入蚌肉，烫2分钟，捞出，剥去表面一层薄皮，切成片后，摆入冰盆中。

③ 取1味碟，调入日本酱油、芥辣，拌匀，同冰盆一起上桌供蘸食。

象牙贝刺身

制作时间 **20分钟**

材料 象牙贝140克，柠檬角1个，海草、萝卜丝、青瓜丝、冰块各适量

调料 散装芥辣、豉油各适量

做法

① 冰块打碎，装盘备用。

② 象牙贝洗净切片，海草、萝卜丝、青瓜丝摆在冰上，放上象牙贝片。

③ 再放入柠檬角、芥辣和豉油等，稍加装饰即可。

花螺刺身

制作时间 **20分钟**

材料 花螺80克，芥兰50克

调料 日本酱、芥辣各少许，姜汁10克，酒5克，盐水适量

做法

① 花螺治净，备用；芥兰去老皮，焯水。

② 将姜汁、盐水、酒入锅，放入花螺煮熟。

③ 捞出螺肉，去掉其黑色部分，置于冰块中冰冻，取出摆于冰盘上，摆上芥兰，将芥辣、日本酱调匀，搭配食用即可。

吞拿鱼刺身

⏱ 制作时间
30分钟

材料 进口原装吞拿鱼500克

调料 日本芥辣、酱油各适量

做法

① 将吞拿鱼解冻后切成片。

② 将切好的吞拿鱼片放入冰盆中，装饰好。

③ 将日本芥辣、酱油调成味汁供蘸食即成。

海胆刺身

⏱ 制作时间
19分钟

材料 海胆1只，柠檬角1个，海草10克

调料 散装芥辣、鱼生豉油各适量

做法

① 冰块打碎，制成冰盘。

② 打开海胆，取净内脏，洗净，用冰水浸冻。

③ 将海胆沥干水分，同海草、柠檬角芥辣一起摆入冰盘，加以装饰即可。

沙拉

　　沙拉是用各种凉透了的熟料或是可以直接食用的生料加工成较小的形状后，再加入调味品或浇上各种冷调味汁拌制而成的。沙拉的原料选择范围很广，各种蔬菜、水果、海鲜、禽蛋、肉类等均可用于沙拉的制作。怎样的沙拉可堪称完美？首先色泽上要十分诱人，其次是营养要均衡，味道鲜美。如果你养成了每天吃沙拉的习惯，那么你就获得了一个最简单但又最营养的膳食方法。

龙虾沙拉

⏰ 制作时间 **22分钟**

材料 龙虾1只，熟茨仔30克，熟龙虾肉50克，熟土豆1个

调料 白沙拉汁20克，橄榄油15克，柠檬汁8克

做法

❶ 熟土豆切丁，熟龙虾去壳取肉切丁，茨仔切小丁。

❷ 将茨仔、土豆、橄榄油、柠檬汁拌匀，备用。

❸ 龙虾取头尾，摆盘上下各一边，中间放入调好的沙拉，面上摆龙虾肉，再用白沙拉汁拉网即可。

烧肉沙拉

⏰ 制作时间 **28分钟**

材料 五花肉200克，白菜150克

调料 酱汁、沙拉酱、葱丝、熟芝麻各适量

做法

❶ 白菜洗净，撕碎，放入盘中。

❷ 五花肉洗净，入沸水锅中氽熟后，晾凉切片，围在白菜旁。

❸ 放上葱丝，淋入酱汁，撒上熟芝麻，配沙拉酱食用即可。

吉列石斑沙拉

 制作时间
17分钟

材料 石斑肉1块（约150克），鸡蛋1个，茨仔2只
调料 沙拉汁50克，白酒少许，面粉、面包粉、盐、胡椒粉适量

做法

① 石斑肉切四方块，加入白酒、盐及胡椒粉腌2～3分钟。

② 茨仔洗净、去皮，切1寸四方粒，用煲煲开水，放入茨仔，熟后盛起，冷冻后加入沙拉拌成茨仔沙拉。

③ 石斑肉扑上面粉、蛋汁及面包粉。

④ 放入热油中炸至金黄色，上碟，旁边伴茨仔沙拉即可。

葡国沙拉

材料 青、红、黄圆椒各50克，洋葱30克，鸡心茄30克，海草2片，脆皮肠1条

调料 千岛酱适量

做法

① 将各原材料洗净，改切成圆形。

② 将切好的原材料分层次摆放于碟中。

③ 调入千岛酱拌匀即可。

银鳕鱼露笋沙拉

材料 冻银鳕鱼150克，露笋100克，生菜2片，洋葱20克，西芹、青椒、红椒各20克

调料 油醋汁、盐、白酒各适量

做法

① 冻银鳕鱼解冻洗净后，用白酒、盐腌1分钟。

② 露笋洗净切段，焯水。

③ 生菜洗净摆盘。

④ 洋葱、西芹和青、红椒洗净切条，放于生菜上面，淋上油醋汁。

⑤ 油锅烧热，放入银鳕鱼煎至金黄色，取出摆于碟中，将露笋摆于银鳕鱼旁即可。

鱼排佐奇异果酱汁

⏱ 制作时间 **45分钟**

材料 鲑鱼300克

调料 罗勒粉5克，烧盐（烘焙过的精盐）、黑胡椒盐各3克，橄榄油适量

奇异果酱汁：黄金奇异果150克，绿色奇异果100克，洋葱末、巴萨米可香醋、烧盐（烘焙过的精盐）、橄榄油各适量

做法

① 将鲑鱼撒上罗勒粉、烧盐和黑胡椒盐后摆放在室温中腌渍20分钟。

② 将黄金和绿色奇异果去皮，然后切成大小约0.5厘米的奇异果果粒。

③ 将奇异果与其他调制奇异果酱汁的材料搅拌均匀后，入冰箱中冷藏。

④ 在鲑鱼排上涂上少许的橄榄油后，烤熟装盘，再淋上奇异果酱汁即可。

酒醋海鲜沙拉

⏱ 制作时间 **30分钟**

材料 煮熟墨鱼100克，鲜虾30克，蛤蜊100克，圣女果50克，芹菜100克，黄色甜椒20克

调料 白酒、柠檬汁、橄榄油各适量，盐、胡椒粉各3克

做法

① 将煮熟的墨鱼切块，鲜虾泡入盐水中后沥干水分；蛤蜊洗净。

② 圣女果去蒂洗净，芹菜清洗后切成较小的形状；接着，将黄色甜椒切半后，再切成细丝状。

③ 将蛤蜊、鲜虾、芹菜入锅加盐烹煮后，取汁加入柠檬汁和橄榄油后，制成酒醋料理的酱汁。

④ 将墨鱼、蛤蜊、鲜虾和蔬菜类食材摆放碗中，加入酒醋酱汁拌匀，再撒上胡椒粉调味。

寿　司

寿司是日本人最喜爱的传统食物之一，寿司的主要材料就是醋饭，味道鲜美，凭着超低的热量、无火的生吃方式、有机的食材，深受人们的喜爱。寿司和其他日本料理一样，色彩非常鲜明。制作时，把新鲜的海胆、鲍鱼、牡丹虾、扇贝、鲑鱼、鳕鱼、金枪鱼、三文鱼等海鲜切成片，放在雪白香糯的饭团上，一揉一捏之后再抹上鲜绿的芥末酱，最后放到古色古香的瓷盘中，这样的色彩组合，可谓真正的"秀色可餐"。

八爪鱼寿司

制作时间 **14分钟**

材料 八爪鱼15克，寿司饭30克

调料 芥辣、豉油、寿司姜各少许

做法

1. 八爪鱼洗净，切成3片备用。

2. 将寿司饭捏成三个长方形团，摆在盘中。

3. 铺上八爪鱼，调入芥辣、豉油、寿司姜即可。

蟹子紫菜寿司

制作时间 **20分钟**

材料 日本珍珠米200克，蟹子50克，紫菜1张

调料 寿司醋30克，盐5克，糖8克

做法

1. 将日本珍珠米洗净，入锅中煮熟。

2. 将珍珠米饭盛出装入碗中，调入寿司醋、盐、糖拌匀。

3. 紫菜平铺，将饭倒上后卷成漏斗形，大头开口处的一端放上蟹子即可。

珍珠米鱼子寿司

⏰ 制作时间 **30分钟**

材料 日本珍珠米200克，三文鱼子45克，紫菜1张

调料 寿司醋30克，糖10克，盐5克

做法

① 日本珍珠米用水反复清洗至水清后，入锅煮熟。

② 将珍珠米饭盛出装入碗中，调入盐、糖、寿司醋搅拌均匀。

③ 紫菜平铺，将饭倒入卷成漏斗形，再放上三文鱼子即可食用。

日式鳗鱼寿司

⏰ 制作时间 **16分钟**

材料 鳗鱼20克，寿司饭30克

调料 芥辣、鱼生豉油、寿司姜各适量

做法

① 将鳗鱼去骨取肉，洗净切成长方形。

② 寿司饭捏成长方形团，摆入盘中。

③ 放上鳗鱼，调入芥辣、鱼生豉油和寿司姜即可。

第 6 部分

家常烧烤

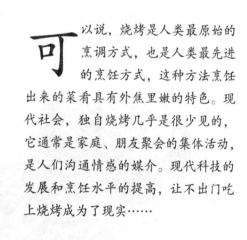

可以说，烧烤是人类最原始的烹调方式，也是人类最先进的烹饪方式，这种方法烹饪出来的菜肴具有外焦里嫩的特色。现代社会，独自烧烤几乎是很少见的，它通常是家庭、朋友聚会的集体活动，是人们沟通情感的媒介。现代科技的发展和烹饪水平的提高，让不出门吃上烧烤成为了现实……

家庭自助烧烤完全攻略

在家用烤箱烹制美食，除了烘焙小点心外，烤制肉类也是人们经常制作的。不过烤肉虽然美味，但是对人们的健康似乎有所影响，这让很多人吃起来不免有所顾虑。如何烤制肉类会让美味和健康兼得呢？

 生熟器皿分开

烤肉前一般都需要先将肉腌制入味，常会用到碗、盘、筷子等餐具，这些餐具一定要彻底清洗后再盛放或夹取烤熟的食物，特别是筷子、夹子之类的用具常常被人忽略，生熟没有分开，很容易吃坏肚子。或者直接准备两套餐具，以避免熟食受到污染。

 不要烤的太焦

烤得太焦的食物很容易致癌，而肉类油脂滴到炭火时，产生的多环芳烃会随烟挥发附着在食物上，这是一种致癌物。所以在烤肉时最好用锡纸包起来再烤。一旦烤焦，烤焦的部分就一定不要再食用。

 调料不要放的太多

烤肉前一般都会用酱油、盐、烤肉酱等调料腌制，烤肉前还可能将调味汁再倒入肉上，或中途再刷一遍烤肉酱，这样会导致吃下过多盐分。最好控制一下用盐量，盐、酱油、烤肉酱等带有咸味的调料最好不要同时使用。烤肉酱在使用前可先加饮用水稀释，若担心太稀不易吸附，可对一些水淀粉。

 选择脂肪低的肉类

肉类相对热量较高，再加上使用烤肉酱等调料，一般来说油脂含量较高，经常食用容易造成身体脂肪堆积。选用肉类时可尽量选择瘦肉和鱼类，少吃肥肉。还可以搭配一些蔬菜，以减少油腻。日常吃烤肉不要太频繁，吃时细嚼慢咽，餐后多运动。

酱汁烧鸭

⏰ 制作时间
24分钟

材料 鸭半只，熟芝麻适量
调料 盐、糖、胡椒粉、甜面酱各适量
做法

① 锅置火上，放入所有调味料，加入适量清水煮成酱汁，将鸭身均匀地刷上酱汁。

② 烤箱预热，将鸭肉放入，开火120℃烤7分钟，中途再刷一次酱汁。

③ 待鸭熟后，取出切块，淋上酱汁，撒上熟芝麻即可。

烤羊排

⏰ 制作时间
20分钟

材料 羊排100克，洋葱片20克
调料 孜然粉4克，辣椒粉、盐各5克
做法

① 将羊排洗净，斩小块，用盐、洋葱片腌30分钟后串起。

② 将羊排置火上烤。

③ 羊排八成熟时，撒孜然粉、辣椒粉添味即可。

日式孜然羊排

⏱ 制作时间 **110分钟**

材料 羊排450克，孜然粒25克

调料 蒜头、葱丝各10克，酱油、胡椒粉、料酒各适量

做法

1. 羊排洗净氽水；蒜头去皮剁蓉。
2. 把羊排与酱油、胡椒粉、料酒、蒜蓉调匀，腌渍

1个小时，然后将蒜蓉夹出不要。

3. 将烤箱温度调至180℃，预热10分钟左右，然后放入羊排，烤20分钟，中途再将剩余的酱汁刷在羊排上，撒上孜然粒。

4. 再入烤箱，烤20分钟，烤至羊排表面呈金黄色时取出，再刷上酱料，撒上葱丝即可。

椒盐烧牛仔骨

⏱ 制作时间 **38分钟**

材料 带骨牛小排400克，柠檬、圣女果各少许

调料 椒盐少许

做法

1. 牛小排洗净，剁成段，入水氽烫，洗去血水。
2. 将牛小排放入预热的烤箱内，以200℃的温度烤20分钟。
3. 柠檬、圣女果洗净，切好。
4. 往烤好的牛小排上撒些椒盐，配柠檬、圣女果食用。

孜然寸骨

⏰ 制作时间
40分钟

材料 羊排200克，红椒15克

调料 盐2克，料酒8克，孜然粉适量，葱花少许

做法

① 羊排洗净，斩段，放沸水中氽一下，然后抹盐、料酒腌渍片刻。

② 红椒洗净，切丁。

③ 将孜然粉均匀涂在羊排表面，放进烤箱烤熟，取出摆盘。

④ 撒上红椒丁、葱花即可。

照烧牛扒

⏰ 制作时间
18分钟

材料 牛扒肉150克，吐司1片

调料 柠檬汁、黑椒粉、牛肉粉、盐、鸡精、酱油、熟芝麻各适量，吐司酱少许

做法

① 牛扒洗净，用柠檬汁、黑椒粉、牛肉粉、盐、鸡精、酱油调成的酱汁腌渍牛扒。

② 吐司切成三角片。

③ 烤箱预热至200℃，放入牛扒，撒上芝麻，烤7分钟，翻面，涂上酱汁，再烤7分钟盛盘。

④ 吐司略煎即可装盘，食用时蘸以吐司酱。

羊头捣蒜

制作时间 **35分钟**

材料 羊肚、羊肉各150克，羊头骨1个，红椒适量

调料 盐2克，酱油、料酒各8克，葱花少许

做法

① 羊肚、羊肉分别洗净，切条，用盐、料酒腌渍。

② 羊头骨洗净，对切。

③ 红椒洗净、切丁。

④ 锅内加适量清水烧开，加盐，放羊肚、羊肉汆至肉变色，捞起沥水，抹上酱油，填入羊头骨中，放烤箱中烤熟。

⑤ 取出，撒上红椒丁、葱花即可。

风味羊棒骨

制作时间 **30分钟**

材料 羊棒骨750克，青、红椒20克

调料 辣椒粉20克，胡椒粉、麻油、盐各适量

做法

① 羊棒骨洗净。

② 青红椒洗净，切丁。

③ 将羊棒骨放入烤箱，边烤边刷麻油，直至烤熟。

④ 将烤好的羊棒骨放入盘中，撒上辣椒粉、胡椒粉、盐即可。

精品烤鸭

⏰ 制作时间 **70分钟**

材料 鸭1只

调料 盐2克，料酒、生抽各8克，糖浆20克，葱段、蒜末、姜片、八角、桂皮各适量

做法

① 鸭治净，内外抹上盐，放在大的容器中，到入料酒、生抽、葱段、蒜末、姜片、八角、桂皮，腌渍入味。

② 将腌渍好的鸭肉放沸水中汆一下，捞出沥水；将糖浆均匀涂在鸭的表面。

③ 将鸭放进烤箱中烤熟，取出摆盘即可。

虾酱鸡翅

⏰ 制作时间 **15分钟**

材料 鸡翅400克

调料 水淀粉20克，虾酱10克，盐、香油各适量

做法

① 鸡翅洗净，下入沸水煮熟，捞出。

② 将鸡翅加入水淀粉、虾酱、料酒、盐腌渍片刻。

③ 将鸡翅放入烤箱，淋上香油，烤至外表金黄即可。

芥子汁烧羊腿

 制作时间
60分钟

材料 羊腿1只，洋葱1个，干葱50克，蒜蓉10克

调料 西式百能汁1杯，法式芥末1汤匙，盐少许，红酒2汤匙，芥子汁适量

做法

① 先将羊腿解冻起骨，加入洋葱、盐、红酒、干葱、蒜蓉腌6~8小时。

② 放入铜炉铜25分钟，拿出冻好备用。

③ 热锅爆法式芥末，注入百能汁，用汁斗盛起。

④ 羊腿放入微波炉加热后，放入已烧热的铁板中，吃时淋芥子汁即可。

烤牛小排

 制作时间
25分钟

材料 牛小排600克

调料 松子、新鲜香草、葡萄籽油、酱油、砂糖、水梨汁、洋葱汁、蒜泥、清酒、香油、盐、胡椒粉各适量

做法

① 将牛小排放入冷水中浸泡，去除血水后，在牛小排上细切几道切痕。

② 将松子切碎后，用厨房纸巾将松子的油脂吸除干净。

③ 将调味料放入碗中搅匀，然后将酱汁淋在牛小排上，放在室温中腌渍。

④ 油烧热，将牛小排入锅煎烤后，排在盘上，再撒上松子和新鲜香草。

烤红酒五花肉&酱菜卷

制作时间 **30分钟**

材料 泡菜100克，猪五花肉600克，青葱10根，红辣椒2个

调料 红酒、芝麻叶末、罗勒粉、蒜泥各适量

做法

① 将泡菜的根部切除后，放入冷水中浸泡2次，然后将水分充分沥干。

② 将泡菜切成碎，摆在盘上；将青葱切成段；再将红辣椒也切碎。

③ 碗中倒入红酒、芝麻叶末、罗勒粉、蒜泥制成红酒酱汁淋在猪五花肉上。

④ 五花肉放入烤箱，烤熟后切片，将泡菜卷上青葱、红辣椒，一起摆入盘子中即可。

辣椒烤牛肉串

制作时间 **33分钟**

材料 牛肉（烤肉片）600克

调料 松子粉、青辣椒、葱花、酱油、砂糖、水梨汁、清酒、蒜泥、生姜粉、香油、盐、胡椒粉各适量

做法

① 用肉槌将牛肉敲薄，让肉质更加柔嫩。

② 将青辣椒放入水中洗净后，将辣椒的头部切除。

③ 将各种调味料放入碗中，然后将处理好的牛肉和青辣椒放入调味料中腌渍。

④ 用竹签穿成串煎烤，烤好后摆在盘中，撒上少许松子粉和葱花来装饰。

串烧牛肉

制作时间
24分钟

材料 牛肉400克，紫苏叶2片

调料 酱油8克，蒜泥、姜汁各15克，胡椒粉、芝麻酱、蚝油、盐各适量

做法

① 牛肉洗净，切块，用刀背拍松，用酱油、蒜泥、姜汁、胡椒粉、芝麻酱腌渍好。

② 紫苏叶洗净，备用。

③ 将腌好的牛肉用竹签串好，放在火上，边刷蚝油边烤。

④ 撒少许盐，烤香，放在紫苏叶上即可。

串烧牛舌

制作时间
35分钟

材料 牛舌150克，柠檬、生菜、圣女果各25克

调料 盐4克，料酒、蚝油、胡椒粉、酱油、白糖、黄油各10克

做法

① 牛舌切块，串在竹签上，抹上盐、料酒、蚝油、酱油，腌渍30分钟。

② 柠檬切片，备用。

③ 烤箱调至140℃，预热10分钟，放入牛舌烤15分钟。

④ 中途涂上由酱油、胡椒粉、白糖、黄油调成的酱料。

串烧鸡肉

制作时间
28分钟

材料 鸡肉350克，鸡蛋2个，紫苏叶2片

调料 盐4克，玉米淀粉、蚝油、胡椒粉各适量

做法

① 鸡肉洗净，切块；将鸡蛋打入碗中，加入玉米淀粉、盐搅拌成糊状；紫苏叶洗净。

② 将鸡肉放入蛋糊中腌渍半小时，用竹签将鸡肉串好。

③ 放在火上边烤边刷蚝油，撒上胡椒粉烤香，放在紫苏叶上即可。

盛装烤鸡

⏰ 制作时间
50分钟

材料 鸡1只，洋葱1个，胡萝卜1个，西芹若干，西红柿1个，丝带1条

调料 盐、甜酱、生姜、黑胡椒、姜汁各适量

做法

① 将鸡洗干净，撒上盐、黑胡椒、姜汁，腌渍片刻。切除鸡头，用鸡脖上的皮包住切口，并用牙签将其固定。使鸡翅朝后放，将鸡腿掰开；洋葱和胡萝卜切成薄薄的条状。

② 将一部分蔬菜放在烤盘底部，将鸡置于其上，然后将剩下的蔬菜盖在鸡上。

③ 将鸡和蔬菜放入烤箱烤10分钟，再将蔬菜从烤盘中取出，将鸡放入烤炉中单独烤10分钟。将鸡取出，涂上甜酱，再烤20分钟，将烤好的鸡装盘，在鸡腿上包上锡纸，在鸡脖上系上粉色丝带，并用西红柿和西芹作点缀。

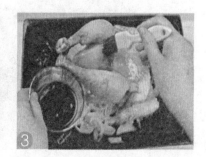

烤宫廷牛肉饼

 制作时间
12分钟

材料 牛肉600克，梨汁70克，生菜50克

调料 松子粉、酱油、糖、蜂蜜各适量

做法

① 牛肉腌渍10分钟左右；用酱油、糖、蜂蜜等做成调味酱料。

② 牛肉里放入调味酱料，腌渍30分钟左右。

③ 加热的铁支子上抹上食用油，将腌好的牛肉一片片整齐地放上，将铁支子放在离大火约15厘米高的位置，正面烤3分钟。

④ 背面烤2分钟左右，烤时注意别烤煳，在烤宫廷牛肉饼上，撒上松子粉，配生菜上桌。

烤牛肠

 制作时间
25分钟

材料 牛肠、大蒜、生菜、茼蒿各适量

调料 盐、芝麻油、红椒粉、黑胡椒各适量

做法

① 牛肠洗净切段，加入芝麻油、黑胡椒、盐，拌匀。

② 大蒜剥皮，洗净，备用。

③ 将烤架烧热，抹上一层油，放牛肠翻烤，刷上红椒粉，并将大蒜放在烤架边上，小烤片刻。

④ 生菜、茼蒿洗净，铺于盘中。

⑤ 将烤熟的牛肠置于盘中，摆好盘即可。

酱烧银鳕鱼

⏰ 制作时间 33分钟

材料 银鳕鱼腩500克

调料 美极酱油50克，麻油20克，蒜汁20克，盐4克，味精2克，沙拉酱30克

做法

① 将银鳕鱼腩刮去鳞，拆去骨，洗净备用。

② 将备好的银鳕鱼放入盘中，调入美极酱油、麻油、蒜汁、盐、味精拌匀，腌制2分钟。

③ 将腌好的鱼腩送入烤炉，以中火烤熟后，点上沙拉酱即成。

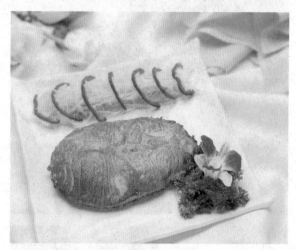

日式烤银鳕鱼

⏰ 制作时间 35分钟

材料 银鳕鱼300克，圣女果适量

调料 蒜头30克，盐5克，胡椒粉3克，意大利酱汁少许

做法

① 银鳕鱼切片，加盐、胡椒粉及意大利酱汁腌渍10分钟。

② 蒜切片；圣女果对切。

③ 烤箱预热，放入银鳕鱼、蒜片烤制15分钟左右后拿出。

④ 装盘，配圣女果食用。

蒜蓉生蚝

⏱ 制作时间 **26分钟**

材料 生蚝4个，蒜头60克，粉丝50克

调料 红椒、干辣椒、葱花、酱油、香油、盐各适量

做法

① 生蚝剖开，再冲洗干净；蒜头切成蒜蓉；粉丝泡好置于生蚝壳中；红椒切圈。

② 将蒜蓉、葱花、红椒圈、盐、干辣椒调匀，放在生蚝上。

③ 淋上酱油、香油，再将生蚝放在火上，用大火烤熟即可。

烧大虾

⏱ 制作时间 **35分钟**

材料 虾350克

调料 盐3克，料酒8克，葱丝10克

做法

① 大虾去除内脏，挑去沙线，洗净，背脊开边，用少许盐、料酒腌一下备用。

② 烤箱预热至180℃，放上大虾，涂上盐、料酒，撒上葱丝。

③ 烤7分钟，翻面，涂上盐、料酒，再烤7分钟，取出即可。

香烤银鳕鱼

⏱ 制作时间 **43分钟**

材料 银鳕鱼150克

调料 葱、酱油、料酒、红辣椒各10克，盐3克

做法

① 葱切段；红辣椒切小片；银鳕鱼切大块，涂上盐、酱油、料酒、葱段、红辣椒片调成的酱汁，腌渍15分钟，夹出葱段、红辣椒片。

② 烤箱调至200℃，先预热10分钟左右，然后放入银鳕鱼烤15分钟。

③ 中途将酱料用刷子刷在银鳕鱼身上，再将鱼入烤箱烤至金黄色。

日禾烧龙虾仔

⏰ 制作时间 **20分钟**

材料 龙虾仔200克

调料 日禾酱50克，青酒10克，椒盐1克，牛油10克

做法

①将龙虾仁从背脊开边，清洗干净，捞出沥干水分，备用。

②将龙虾放入扒炉中用牛油煎至八成熟，再调入椒盐和青酒。

③盛出再涂上日禾酱，放入炉中，热锅炸至金黄色即可。

盐烧平鱼

⏰ 制作时间 **45分钟**

材料 平鱼600克，洋葱25克，荷叶1张，香菜5克

调料 盐4克，料酒10克，辣椒酱45克，蒜头15克

做法

①用刀在鱼身两侧各划上两刀，用盐、料酒均匀地涂在鱼身上，腌10分钟；蒜头切末；洋葱切碎；香菜切段。

②烤箱预热至200℃，垫上荷叶，放上平鱼，涂上辣椒酱、蒜头、洋葱。

③烤7分钟，翻面，涂上辣椒酱，再烤7分钟，取出，放香菜点缀即可。

烧鱿鱼圈

⏰ 制作时间 **40分钟**

材料 鱿鱼500克

调料 盐4克，干辣椒、蒜头、陈醋、酱油、葱丝各10克

做法

①鲜鱿鱼洗净，去内脏，切成圈。

②将鱿鱼圈放入开水中汆烫，捞出，放入冰水浸泡。

③蒜头去皮切碎，干辣椒切圈。

④将鱿鱼圈、蒜头、干辣椒、陈醋、酱油、盐、葱丝一起拌匀，以200℃烤制15分钟至熟即可。

蒜香章红鱼

⏰ 制作时间 **29分钟**

材料 章红鱼250克，蒜头30克

调料 清酒8克，生抽6克，盐3克，黑椒粉、卡夫奇妙酱、芥末酱各适量

做法

① 蒜头切片，备用。

② 章红鱼切片状，抹清酒、生抽、盐、黑椒粉、蒜片调成的酱汁，腌15分钟。

③ 烤箱预热至200℃，放入章红鱼，烤10分钟，翻面。

④ 再涂上酱汁，再烤10分钟，取出即可。

⑤ 食用时搭配卡夫奇妙酱或芥末酱。

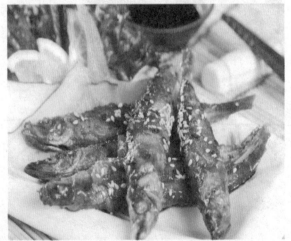

岩烧多春鱼

⏰ 制作时间 **27分钟**

材料 多春鱼350克

调料 料酒15克，盐5克，姜汁、面粉、熟芝麻各适量

做法

① 多春鱼治净，加入料酒、盐、姜汁稍腌去腥，然后将多春鱼拍上面粉，稍稍抖动去掉多余面粉。

② 将石头或岩石置于火炉上烧烤至300℃，再放上多春鱼。

③ 撒上熟芝麻，烧至多春鱼呈两面金黄色即可。

烤鲳鱼串

⏰ 制作时间 **36分钟**

材料 牛肉115克，鲳鱼2条，樱桃6颗，西芹适量

调料 酱油、盐、糖、芝麻油、芝麻盐、黑胡椒、大葱、蒜瓣各适量

做法

① 将牛肉剁碎，用酱油、糖、芝麻油、芝麻盐、黑胡椒、大葱、蒜瓣腌渍入味。鲳鱼去鳞，去头尾，去内脏，将鲳鱼肉切成0.6厘米宽、6厘米长的长方形薄片。在鱼块中加入盐和芝麻油，腌渍入味。

② 将鱼块串在竹签上，且在每两块鱼之间留一定的空隙，将牛肉泥填于鲳鱼串的空隙处。

③ 用刀背轻轻敲打鱼肉串，使之变软，然后将鱼肉串放在平底锅中煎熟，出锅装盘，以西芹和樱桃装饰即可。

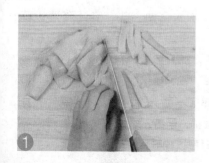

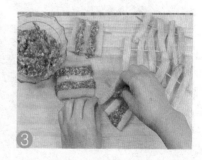

照烧多春鱼

⏰ **制作时间 29分钟**

材料 多春鱼400克，包菜、柠檬各少许

调料 料酒、生抽、鱼露各15克，盐5克

做法

1. 包菜切丝，撒在盘中；柠檬切片，冷藏。

2. 多春鱼治净，将料酒、盐、生抽、鱼露调成的酱汁均匀地涂抹在鱼身上。

3. 烤箱预热至200℃，放入多春鱼，烤7分钟，翻面，涂上酱汁，再烤7分钟，盛盘，配柠檬食用。

烧多春鱼

⏰ **制作时间 36分钟**

材料 多春鱼400克，鸡蛋2个，柠檬1个

调料 生抽8克，盐、姜汁、蒜头、淀粉各适量

做法

1. 多春鱼治净，加入生抽、盐、姜汁腌渍；蒜头去皮，切片。

2. 鸡蛋打入碗中，加入淀粉、盐搅成糊；柠檬洗净，切片。

3. 烤箱预热至200℃，放入多春鱼，撒上蒜片，抹上鸡蛋糊，烤7分钟，翻面，再抹上鸡蛋糊，烤7分钟，盛盘，食用时配以柠檬片即可。

烧生蚝

⏱ 制作时间 **20分钟**

材料 生蚝1只

调料 蒜蓉10克，盐2克，味精3克，烟肉粒5克，油50克

做法

1 将生蚝开边，清洗干净备用。

2 锅中倒入油烧热，加入调味料拌匀，即成烧蚝汁。

3 将生蚝放进烧炉，淋上烧蚝汁烧至熟即可。

串烧大虾

⏱ 制作时间 **20分钟**

材料 大虾150克

调料 盐3克，姜汁、料酒、生抽、蚝油、黑椒粉各适量

做法

1 大虾去除内脏，挑去沙线。

2 放料酒、姜汁、盐、生抽腌渍，然后将大虾用竹签串起来。

3 将大虾放入火上，边烤边刷上蚝油，撒少许黑椒粉，烤出香味，装盘即可。

蒜片烤大虾

制作时间
35分钟

材料 大虾400克，蒜头适量

调料 盐4克，生抽8克，姜汁、料酒、胡椒粉各适量

做法

① 大虾治净，用生抽、姜汁、盐、料酒腌渍；蒜头去皮，切片。

② 将腌好的虾控干水分，放在铺好锡纸的烤盘上，放上蒜片，撒些胡椒粉。

③ 预热烤箱至200℃，放入大虾，烤15分钟即可。

照烧鲭鱼

制作时间
35分钟

材料 鲭鱼500克

调料 盐5克，酱油15克，料酒10克，姜汁、葱丝各适量，蒜头30克

做法

① 鲭鱼剔除中骨，片成两片，背上剞上十字花刀，两面抹上盐，放入酱油、料酒、姜汁调成的酱汁中，腌渍片刻。

② 蒜头切片，备用。

③ 烤箱预热至200℃，放入鲭鱼、蒜头、葱丝，烤10分钟，翻面涂酱汁，再烤10分钟至熟即可。

烤干明太鱼

⏰ 制作时间 **20分钟**

材料 干明太鱼140克

调料 盐2克，食用油13克，酱油6克，糖6克，辣椒酱57克，葱末4.5克，蒜泥2.8克，生姜汁5.5克，芝麻盐1克，胡椒粉0.1克，芝麻油13克

做法

① 干明太鱼去头、尾、鳍，泡在水里约10秒后捞出，用湿棉布包好放30秒左右，压着沥去水分后，去骨头与鱼刺。将泡发的干明太鱼切成6厘米左右的段。为防止缩小，在皮上划约2厘米宽的刀痕。

② 将酱油、糖、盐、辣椒酱、葱末、蒜泥、生姜汁、芝麻盐、胡椒粉、芝麻油混合，做成调味酱料。

③ 在铁支子上抹上食油后，放上干明太鱼，将铁支子放在离大火15厘米高的位置，正面微烤1分钟，再翻过来背面微烤1分钟左右。烤好的干明太鱼上均匀地抹上调味酱料，将它放在离大火15厘米高的位置，正面烤2分钟，再翻过来背面烤1分钟左右，注意烤时别烤煳。

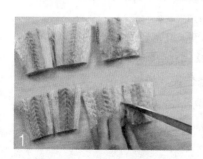

香烤土豆

⏰ 制作时间 **50分钟**

材料 土豆250克

调料 罗勒、意大利综合香料各5克，迷迭香3克，精盐、黑胡椒、葡萄籽油、水各适量

做法

① 将土豆洗净后，切成8等份。

② 在锅里放入2杯水，煮沸后将土豆放入煮熟。

③ 将煮熟的土豆装盘，撒上调味料后，摆放约20分钟让土豆入味。

④ 将土豆放入烤箱内以160℃ 烤约20分钟至熟即可。

烤香肠&乳酪酱

⏰ 制作时间 **30分钟**

材料 手工香肠400克

调料 洋葱、杏仁泥、奶油乳酪、美乃滋、芥末酱、红酒、黑胡椒、香蒜粉、橄榄油、萝卜、盐各适量

做法

① 将手工香肠放入热水中清洗，去除表面上的油脂，在表面上斜切4~5下。

② 将香肠装盘，倒入红酒和黑胡椒、香蒜粉、橄榄油混合，入烤箱烤约15分钟。

③ 将洋葱末、杏仁泥、奶油乳酪、美乃滋、芥末酱、盐拌匀，制成乳酪酱。

④ 将烤好的香肠切片装盘，再将萝卜切薄片后与乳酪酱放在一起。

第 7 部分

美味肉菜

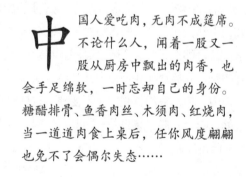

中国人爱吃肉，无肉不成筵席。不论什么人，闻着一股又一股从厨房中飘出的肉香，也会手足绵软，一时忘却自己的身份。糖醋排骨、鱼香肉丝、木须肉、红烧肉，当一道道肉食上桌后，任你风度翩翩也免不了会偶尔失态……

肉类佳肴的烹饪技巧

　　爱吃肉还得会做肉，我们如何在家就能轻松做出不同风味的肉类美食，在享受烹饪带来的乐趣的同时，又能全面满足自己及家人的食肉之欲。注意以下几点：

 ## 烧前处理肉类方法

若要讲究口味，需注意切功和烧前处理。切肉块时切记要顺着纤维的直角方向往下切，否则肉质就会变硬。若是里脊肉，肥肉的筋要用刀刃切断。烤牛排时，带脂肪的上等牛肉用不着腌浸，可边烤边抹盐及胡椒粉。如果肉质较硬，把其放入红葡萄酒、色拉油、香菜调成的汁中浸泡约半小时至1小时即可。

 ## 烧肉煮熟后放盐

烧肉时先放盐的效果其实并不好。盐的主要成分为氯化钠，它易使蛋白质产生凝固。新鲜的鱼和肉中都含非常丰富的蛋白质，所以烹调时，若过早放盐，那么蛋白质会随之凝固。特别是在烧肉或炖肉时，先放盐往往会使肉汁外渗，而盐分子则进入肉内，使肉块的体积缩小且变硬，这样就不容易烧酥，吃上去的口味也差。因此，烧肉时应在将煮熟之时再放盐。

 ## 炖肉少用水味道鲜美

少用水的话，炖出来的汤汁会更浓，味道也自然更加醇厚浓烈。如果需要加水，也应该加进热水。因为用热水来炖肉，能够迅速凝固肉块表面之上的蛋白质。这样，肉中的营养物质不容易渗入汤中，保持在肉内，因此炖出的肉味道会特别鲜美。

 ## 炖肉去异味

炖肉时，将大料、陈皮、胡椒、桂皮、花椒、杏仁、甘草、孜然、小茴香等香料或调味品按适当比例搭配好，放进纱布口袋中和肉一起炖，可以遮掩或除掉肉的异味，如牛羊肉及内脏等动物性原料的腥、膻、臭等难闻异味，这样不仅能去除异味，也可使香气渗进菜肴。

 ## 烹调鲜鸡肉不放花椒大料

鸡肉内含谷氨酸钠，可说是"自带味精"。所以烹调鲜鸡只需放适量盐、油、酱油、葱、姜等，味道就十分鲜美了。若再放进花椒或大料等味重的调料，反会驱走或掩盖鸡的鲜味。不过，从市场上买回的冻光鸡，因为没有开膛，所以常有股恶味儿，烹制时可先拿热水烫一遍，再适当放进些花椒、大料，有助于驱除恶味儿。

猪肉

◆功效：

1. 补血养颜：猪肉中含有的半胱氨酸，能促进铁的吸收，改善缺铁性贫血。
2. 保肝护肾：猪肉中的蛋白质对肝脏组织具有很好的保护作用，可以保肝护肾。
3. 增强免疫力：猪肉中含有的锌，能促进身体、智力和视力的发育，提高身体的免疫力。
4. 提神健脑：猪肉中的维生素 B_1 和锌能促进和提高智力发育，还具有养胃的作用。猪肉在 2℃~5℃ 条件下冷藏，可保存一个星期。猪肉要斜切，这样炒时既不会碎散，吃的时候也不会塞牙。

食用禁忌

◎猪肉＋菠菜＝影响营养吸收

猪瘦肉含锌，菠菜含铜，同食不利于营养的吸收。

◎猪肉＋茶＝导致便秘

猪肉中的蛋白质与茶中的鞣酸易造成便秘。

营养黄金组合

◎猪肉＋大蒜＝多种功效

猪肉含维生素B1，与大蒜同食对促进血液循环、消除身体疲劳、增强体质都有重要的作用。

◎猪肉＋山药＝补肺益气

猪肉营养丰富，而山药则能补脾气而益胃阴，补肺益肾。两者同食，有很好的补气益肺功效。

秘制小肉方

⏰ 制作时间 **50分钟**

材料 五花肉200克，西蓝花300克
调料 盐3克，生抽3克，白糖5克，老抽3克
做法

① 五花肉洗净，切大块；西蓝花洗净掰小朵，焯水后摆盘。
② 锅中倒油烧热，下入白糖和老抽炒融化，倒入五花肉炒至上色。
③ 加适量水焖煮至熟，出锅摆盘成方形。
④ 锅中留汁，加盐、生抽炒匀，淋入盘中即可。

冬瓜烧肉

⏰ 制作时间 **35分钟**

材料 五花肉200克，冬瓜100克
调料 盐3克，酱油、鲜汤各适量
做法

① 五花肉洗净，在表皮上剞回字花刀；冬瓜去皮、去子，洗净，切条状。
② 锅烧热，倒入鲜汤烧沸，放入五花肉、冬瓜，加盐、酱油调味。
③ 用小火慢慢烧熟，盛盘即可。

大葱焖双花

制作时间 **30分钟**

材料 猪腰200克，鱿鱼200克，大葱100克

调料 料酒10克，盐3克，白糖5克，高汤、胡椒粉、淀粉、蒜片各适量

做法

①鱿鱼改麦穗花刀；猪腰处理也改成麦穗花刀；腰花和鱿鱼分别氽水。

②起油锅，加葱、蒜爆香，再入料酒、高汤煮至出香味。

③用盐、白糖、胡椒粉调味，再放入腰花、鱿鱼花煮熟，水淀粉勾芡即可。

糖醋里脊肉

制作时间 **25分钟**

材料 里脊肉90克，淀粉、面粉、泡打粉各适量

调料 盐、番茄酱、白醋、红醋、白糖各5克

做法

①里脊肉洗净切条，均匀地裹上由淀粉、面粉、泡打粉调成的粉糊。

②锅中油烧热，放入肉条炸至金黄色，捞出沥油后摆盘。

③将所有调味料放入锅中，煮开调匀成味汁，淋在盘中即成。

口蘑五花肉

制作时间 **15分钟**

材料 口蘑、五花肉各150克，红椒8克

调料 盐、味精各3克，香油、酱油、红油各10克，姜、蒜各5克，香菜3克

做法

①口蘑洗净，切片；五花肉洗净，切片；红椒洗净，切圈。

②香菜洗净；姜、蒜去皮洗净，切片。

③红椒、姜片、蒜片爆香，放五花肉炒3分钟。

④放入口蘑炒香，放盐、味精、香油、酱油、红油调味，盛盘，撒上香菜即可。

走油肉

 制作时间 **70分钟**

材料 猪肉500克，西兰花200克

调料 酱油、白酱油、盐、白糖、料酒、葱段、姜片各适量

做法

❶猪肉洗净切块，下油锅炸至金黄，捞出沥油，入清水中浸泡片刻。

❷西兰花洗净，掰小朵后焯水摆盘。

❸葱段、姜片用纱布包好，放入锅底，上面摆肉，在肉上加盐、酱油、料酒，旺火蒸至皮面稍酥烂。

❹加白糖、白酱油，再烧煮20分钟至熟透、装盘即可。

蒸肉卷

制作时间 **20分钟**

材料 五花肉500克，青椒丝、红椒丝各适量

调料 盐、鸡精、水淀粉、料酒各适量

做法

❶将五花肉洗净，切成厚薄均匀的片，加盐、鸡精、水淀粉和料酒搅拌均匀。

❷每片五花肉卷上青椒丝、红椒丝，整齐放入盘中。

❸用大火蒸至熟烂即可。

水晶肘子

制作时间
40分钟

材料 猪肉皮200克，肘子精肉150克

调料 香料10克，盐4克，味精、鸡精各2克、料酒、酱油、糖色各5克

做法

① 将猪肉皮刮净毛，洗净后用开水煮熟。

② 取肘子精肉洗净，加香料、盐、味精、鸡精、料酒腌渍入味，加酱油、糖色煮熟。

③ 用猪皮将肘子精肉包裹起来，冷却后切成片，装盘即可。

滑熘里脊

制作时间
12分钟

材料 里脊肉300克，莴笋、圣女果各适量

调料 盐3克，红油、水淀粉各适量

做法

① 里脊肉洗净，切块。

② 莴笋去皮洗净，切片，入沸水中焯熟，捞出沥干备用。

③ 圣女果洗净，对半切开。

④ 将里脊肉与盐、水淀粉拌匀，入油锅炸至快熟时倒入红油炒匀，起锅盛盘。

⑤ 将备好的莴笋片、圣女果摆盘即可。

回锅肉

⏱ 制作时间 **30分钟**

材料 五花肉300克，蒜苗50克，青、红椒各50克

调料 甜面酱、酱油、料酒各10克，白糖5克，豆瓣酱15克，豆豉2.5克

做法

① 五花肉洗净，入锅煮熟，捞起沥干，切成大薄片。青、红椒洗净切块；蒜苗洗净切段。

② 起油锅，下肉片炒至稍卷，下豆瓣酱、豆豉、甜面酱、酱油、白糖，放入青、红椒、蒜苗炒至断生即可。

白椒炒风吹肉

⏱ 制作时间 **20分钟**

材料 风吹肉350克，白辣椒50克，蒜苗50克

调料 盐、料酒、酱油、蚝油、香油各适量

做法

① 风吹肉洗净，入锅蒸熟，切片后余水。

② 白辣椒用冷水泡5分钟，洗净切段；蒜苗洗净切小段。

③ 起油锅，放入风吹肉煸香，加入酱油、料酒炒匀，放入白辣椒略炒，加盐、蚝油炒拌入味，放入蒜苗段，淋香油炒匀即可。

酱香白肉卷

⏱ 制作时间 **18分钟**

材料 五花肉300克，蒜苗、粉丝各适量

调料 姜、蒜各20克，盐3克，酱油、水淀粉各适量

做法

① 五花肉治净，煮熟后切片；姜、蒜均去皮洗净，切末。

② 粉丝泡发洗净，入沸水中焯熟，捞出沥干。蒜苗洗净，切段，用五花肉将粉丝和蒜苗裹成肉卷，入锅蒸熟。

③ 起油锅，将姜末、蒜末、盐、酱油、水淀粉入锅调成味汁，淋在肉卷上即可。

糖醋咕噜肉

⏱ 制作时间 **25分钟**

材料 五花肉450克，胡萝卜、去皮菠萝、黄瓜各50克

调料 料酒50克，盐3克，干淀粉25克，香油、白糖、白醋、辣椒油、番茄酱、胡椒粉各适量

做法

① 五花肉、胡萝卜、菠萝、黄瓜均洗净切块。

② 肉块加料酒、盐、胡椒粉拌匀，捞出滚干淀粉，入锅炸透；将白醋、白糖、番茄酱、辣椒油、盐、水调成糖醋汁。

③ 锅内留油，入黄瓜、胡萝卜、菠萝煸炒，倒入糖醋汁勾芡，再放入肉块，浇入热油炒匀即成。

蒜香白切肉

 制作时间
60分钟

材料 带皮五花肉250克，蒜泥适量

调料 葱段适量，酱油适量，花椒油适量，姜片适量，味精适量，红油适量

做法

1 将五花肉去毛，洗净。

2 将五花肉放入清水中，加葱段、姜片煮40分钟左右至熟透。

3 把肉取出后用水冲凉，切成薄片装盘。

4 将蒜泥和其他调料调成汁，蘸食。

猪皮冻

⏰ 制作时间
130分钟

材料 猪皮300克，熟黑芝麻10克

调料 葱花、盐、白糖、香油、醋各适量

做法

① 猪皮洗净，煮熟。

② 油烧热，投入猪皮稍炒，倒入清水，用中火熬煮至猪皮酥烂起胶，加盐、白糖稍煮，倒入碗内放凉，入冰箱冷冻即成皮冻。

③ 食用时切片，撒上黑芝麻、葱花，淋上香油和醋即可。

腌肉豆腐干

⏰ 制作时间
15分钟

材料 腌肉200克，豆腐干250克

调料 盐3克，干红辣椒碎30克，葱花适量

做法

① 腌肉洗净，切片；豆腐干洗净待用。

② 热锅下油，放入豆腐干煎至金黄色，捞出摆盘。

③ 锅内留油，下入腌肉、干红辣椒碎、盐炒入味。

④ 把炒好的肉盛在豆腐干上，撒上葱花即可。

口耳肉

⏰ 制作时间
45分钟

材料 猪舌、猪耳各2只，卤汁适量

调料 蒜蓉酱、酱油、红油、盐、鸡精各适量

做法

① 将猪舌、猪耳分别刮洗干净。

② 将猪舌和猪耳叠卷成卷，用纱布裹紧，放入卤汁锅中卤熟，取出用重物压紧。

③ 拆掉纱布，切成片，摆入盘中，将所有调味料调成汁，淋在上面即可。

湘味莲子扣肉

⏰ 制作时间 **30分钟**

材料 五花肉800克，莲子400克

调料 盐、葱、料酒、辣椒油、鲍鱼汁各适量

做法

①莲子泡发，去心；五花肉洗净，放入加有盐、料酒的锅中煮好，捞出，切薄片。

②五花肉片包入两颗莲子，以葱捆绑定型，肉皮向下装入碗内，淋上辣椒油。

③上锅蒸熟，再反扣在碗中，淋鲍鱼汁即可。

蜜汁叉烧肉

⏰ 制作时间 **30分钟**

材料 猪瘦肉500克

调料 盐、蜜糖、叉烧酱各适量

做法

①猪瘦肉洗净，用盐腌渍一会儿备用。

②将猪肉放入烤箱烤几分钟，取出切片涂上一层蜜糖。

③再入烤箱烤至熟透，取出切片，淋上叉烧酱即可。

烤里脊

⏰ 制作时间 **22分钟**

材料 猪里脊肉500克，生菜叶200克

调料 黑胡椒汁适量，食用油适量

做法

①生菜叶洗净，铺在盘底。

②里脊肉洗净，用食用油抹匀，再抹上黑胡椒汁，放进烤箱烤熟。

③取出，食用时横切成条，放在生菜叶上即可。

凉拌五花肉

⏰ 制作时间 **40分钟**

材料 五花肉300克

调料 盐3克，料酒、蒜蓉酱、香油、酱油、香菜末各适量

做法

①五花肉洗净，加料酒拌匀，蒸熟，待凉，切片摆盘。

②将盐、蒜蓉酱、酱油、香油、适量温开水放入碗中调匀做成酱汁，淋在肉片上，撒上香菜末即可。

美极猪手

 制作时间
40分钟

材料 猪蹄500克

调料 葱20克，蒜20克，料酒15克，味精3克，姜20克，红油15克，盐10克

做法

① 猪蹄洗净，剁成大块。

② 葱、姜、蒜洗净，切末，备用。

③ 猪蹄放入高压锅中，加料酒煮25分钟。

④ 起油锅，放葱、姜、蒜末爆香，下猪蹄翻炒，放入盐、味精和红油炒匀即可。

黄金蒜香骨

 制作时间
130分钟

材料 排骨700克，大蒜100克

调料 白糖5克，味精10克，盐5克，糯米粉15克，淀粉25克

做法

① 将排骨洗净，切成约6厘米长的小段。

② 大蒜去皮，洗净榨成汁后倒入排骨中，再加入所有调味料拌匀，腌渍2小时。

③ 锅上火放入油，烧至五成熟时放入排骨炸约8分钟，将排骨捞出沥干油即可。

家乡酱排骨

 制作时间
40分钟

材料 排骨500克

调料 盐、老抽、红油、红辣椒、熟芝麻、葱末各适量

做法

① 排骨洗净，剁块，备用。

② 红辣椒洗净，切成小丁。

③ 锅内注水，大火烧开后将剁好的排骨放入锅内煮至完全熟，捞出装盘。

④ 油锅烧热，炒香葱末，再放盐、老抽、料酒、红油拌炒，取汤汁浇在排骨上，撒上熟芝麻、红辣椒丁即可。

兔肉

◆功效：

1. 养心润肺：兔肉中含有丰富的卵磷脂，可增进血液循环，清除过氧化物，保护心脑血管。

2. 提神健脑：兔肉中含有的不饱和脂肪酸，能提高脑细胞的活性，增强记忆力和思维能力。

3. 增强免疫力：兔肉中含较多人体最易缺乏的赖氨酸和色氨酸，能增强免疫力。

4. 防癌抗癌：兔肉含有多种营养素，常吃能起到防癌抗癌的功效。

食用禁忌

◎兔肉＋橘子＝导致腹泻

兔肉与橘子同食，会引起肠胃功能紊乱，腹泻。

◎兔肉＋小白菜＝腹泻呕吐

兔肉与小白菜同食，容易引起腹泻和呕吐。

孕妇及阳虚者忌食。

营养黄金组合

◎兔肉＋红枣＝红润肌肤

兔肉与红枣同食，有补血养颜、红润肌肤的功效。

◎兔肉＋葱＝降脂美容

兔肉与葱同食，味道鲜美，还有降血脂、美容的功效。

花椒兔

⏰ 制作时间 30分钟

材料 仔兔1只

调料 鸡精2克，香油15克，青花椒油10克，海鲜酱8克，美极鲜酱油6克，鱼露10克

做法

① 将仔兔治净。

② 锅上火，加入适量清水，放入仔兔煮熟后，取肉切成条，装盘定形。

③ 将所有调味料拌匀成调味汁，淋在盘中即可。

手撕兔肉

⏰ 制作时间 30分钟

材料 腊兔肉500克，红椒适量

调料 盐、八角、料酒、红油、熟芝麻、葱段、姜片适量

做法

① 兔肉洗净，入水汆烫；红椒洗净切圈。

② 兔肉入高压锅，加盐、姜、八角、料酒、清水，上火压至软烂，取肉撕成丝。

③ 加葱段、红油、熟芝麻、红椒，搅拌均匀即可。

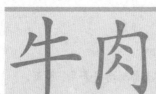

◆功效:

1. 增强免疫力: 牛肉含有的维生素 B_6, 可以帮助人体增强免疫力, 促进蛋白质的新陈代谢和合成。

2. 提神健脑: 牛肉富含锌、B族维生素、酪氨酸, 有助于改善记忆力衰退的问题, 有增强记忆力的功效。

3. 补血养颜: 牛肉富含的铁, 能改善贫血的状况, 起到补血养颜的功效。

4. 防癌抗癌: 牛肉中含有称为 CLA 脂肪酸的抗癌物, 能抑制癌细胞的生长。

【食用禁忌】

◎牛肉 + 板栗 = 降低营养价值

牛肉和板栗搭配食用, 会起生化反应, 降低营养。

◎牛肉 + 菠菜 = 妨碍钙的吸收

牛肉和菠菜搭配大量食用会降低钙的吸收。

【营养黄金组合】

◎牛肉 + 土豆 = 保护胃黏膜

牛肉纤维粗, 有时会影响胃黏膜。土豆含有丰富的叶酸, 起着保护胃黏膜的作用。

椒丝拌牛柳

⏰ 制作时间 25分钟

材料 牛柳200克, 青、红椒各1个

调料 松肉粉20克, 油100克, 盐、白兰地各5克, 味精1克, 香油6克, 葱15克

做法

① 牛柳洗净切成长条块; 青红椒洗净切丝; 葱洗净切花。

② 牛柳用松肉粉、盐、白兰地、葱花拌匀腌制15分钟。

③ 锅中放油烧热, 放入牛柳煎至表面金黄, 取出切细条, 拌入青、红椒丝, 调入香油、盐、味精拌匀即可。

干煸牛肉丝

 制作时间 12分钟

材料 牛肉300克, 芹菜150克, 红辣椒2个, 胡萝卜50克, 蒜苗1棵

调料 辣豆瓣酱10克, 酱油5克, 香油6克, 糖4克, 花椒粉3克, 水适量, 姜1块

做法

① 芹菜洗净, 摘去叶片洗净切长段; 蒜苗洗净切长段; 红辣椒去蒂籽洗净切丝; 胡萝卜去皮洗净切丝; 姜去皮切末; 牛肉洗净逆纹切片, 再切细丝。

② 锅中倒入适量油烧热, 放入牛肉丝, 小火煸成焦褐色, 盛出。

③ 油锅烧热, 爆香辣豆瓣酱, 放入全部材料及其他调味料, 煸炒至水分收干出锅即可。

卤汁牛肉

⏱制作时间
130分钟

材料 精牛肉400克，卤汁适量

调料 香油、花椒油各3克，红油2克，盐5克，味精1克

做法

❶牛肉用凉水泡2小时，洗净血水，入沸水中焯烫，捞起备用；调味料兑成汁。

❷将牛肉放入锅中卤汁中卤90~120分钟捞出。

❸待牛肉冷却后切斜纹片，装盘，淋上调味料汁即可。

川味牛肉丝

⏱制作时间
220分钟

材料 牛肉300克，辣椒、竹笋各适量

调料 盐、红油、白糖、料酒、香油各适量

做法

❶牛肉洗净，余水，用盐腌3小时；辣椒、竹笋洗净，切丝，入水焯一下，盛盘。

❷牛肉放在铁丝架上，入烘炉烤干，上笼蒸半小时，切丝。

❸油锅烧热，入牛肉炸透，烹入料酒，加红油、白糖炒匀，盛入笋丝盘，淋香油即可。

麻辣牛肉

⏰ 制作时间 **28分钟**

材料 牛肉150克

调料 卤水适量，红油、香油各10克，辣椒粉少许

做法

1️⃣ 牛肉洗净，放沸水中氽一下，捞出沥水。

2️⃣ 锅内倒卤水烧热，放牛肉卤熟，捞起，切片摆盘。

3️⃣ 将红油、香油、辣椒粉调匀，淋在牛肉上即可。

南瓜牛柳

⏰ 制作时间 **70分钟**

材料 南瓜100克，牛柳250克

调料 盐、味精、黑胡椒各3克，料酒10克

做法

1️⃣ 牛柳洗净，切片，加入盐、味精、料酒、黑胡椒和适量水腌渍入味。

2️⃣ 南瓜去皮洗净，切块。

3️⃣ 将牛柳、南瓜摆盘，入锅蒸1小时后取出即可。

苦瓜拌牛肉

⏰ **制作时间** **15分钟**

材料 苦瓜300克，熟牛腱肉150克

调料 盐、白糖、香油、红油、花椒油、味精各适量

做法

① 熟牛腱肉洗净切片，摆盘中；苦瓜剖开，挖去瓤洗净，切成薄片，下入沸水中焯一会儿，捞出沥干水。

② 将苦瓜片装碗，再加入白糖、盐、香油拌均匀。

③ 将苦瓜摆在熟牛腱肉片上，将花椒油和红油、味精拌匀的汁浇在苦瓜上即可。

金针菇牛肉卷

⏰ **制作时间** **20分钟**

材料 金针菇250克，牛肉100克，红椒1个，青椒1个

调料 油50克，日本烧烤汁30克

做法

① 牛肉洗净，切成长薄片。

② 青、红椒洗净切丝备用；金针菇洗净。

③ 用牛肉片将金针菇、辣椒丝卷入。

④ 锅中注油烧热，放入牛肉卷煎熟，淋上日本烧烤汁即可。

纸包牛肉

⏰ 制作时间 **22分钟**

材料 牛肉粒500克，芹菜粒500克

调料 盐、鸡蛋液、胡椒粉、威化纸、红椒粒、鸡精、葱姜水、面包糠、葱花各适量

做法

① 将牛肉粒加入芹菜粒中，放入葱姜水、盐、胡椒粉、鸡精调匀成肉馅。

② 取威化纸，将肉馅放入纸上，摊开，折起来成饼，然后拖鸡蛋液，拍上面包糠，放入热油锅中小火炸至金黄色。

③ 捞出控油后，摆在盘子四周，撒上葱花、红椒粒即可。

五香牛肉

⏰ 制作时间 **20分钟**

材料 牛肉500克

调料 香油10克，味精3克，五香粉、盐各5克

做法

① 牛肉洗净，放入沸水锅内，加入适量盐煮至牛肉入味。

② 将牛肉捞起，晾凉，切成片待用。

③ 将牛肉倒入盛器内，调入味精、盐、五香粉拌匀，装盘，再淋上香油即可。

酱牛肉

⏱ 制作时间
180分钟

材料 牛腱肉150克，卤汁500克

调料 味精3克，盐、醋、酱油、香油各5克，蒜10克

做法

1 牛腱肉洗净；蒜去皮剁蓉备用。

2 将蒜蓉、味精、盐、醋、酱油、香油调成味汁备用。

3 卤汁倒入锅中烧开，放入牛腱肉卤3小时，捞出切片。

4 牛肉摆盘，淋上味汁即可。

卤水牛肉

⏱ 制作时间
130分钟

材料 牛肉500克

调料 精卤水适量

做法

1 牛肉洗净，汆水，撇去浮沫后捞出沥干。

2 精卤水烧开，熄火，放入牛肉浸泡45分钟，再大火煮沸。

3 转至小火卤40分钟，熄火，继续浸泡40分钟至入味，捞出晾凉。

4 食用时将牛肉切片，最后淋上卤汁即可。

青豆烧牛肉

 制作时间 15分钟

材料 精瘦牛肉300克，青豆50克

调料 郫县豆瓣15克，鸡精3克，嫩肉粉5克，盐4克，花椒面2克，料酒3克，上汤适量，酱油适量，葱15克，蒜10克，姜1块，水淀粉10克

做法

① 牛肉洗净切小片，用水淀粉、嫩肉粉、料酒、盐抓匀上浆。郫县豆瓣剁细；青豆洗净；葱洗净切花；姜、蒜洗净去皮切米。

② 锅置旺火上，油烧热，放入豆瓣、姜米、蒜米炒香出色，倒入上汤，调入鸡精、酱油、料酒、盐，烧开后下牛肉片、青豆。

③ 待肉片熟后再调入鸡精，用水淀粉勾薄芡，起锅装盘，撒上花椒面、葱花，淋上热油即可。

蒜片肥牛

⏰ 制作时间 **20分钟**

材料 牛肉300克,四季豆120克,大蒜100克,红椒5克

调料 盐2克,鸡精、料酒、白糖各适量

做法

① 将牛肉洗净,切块;四季豆洗净,切段;大蒜去皮,切片;红椒洗净,切丁。

② 锅中热油,加入白糖热化,倒入牛肉翻炒断生,加红椒、四季豆、蒜片翻炒至熟。

③ 加入盐、鸡精、料酒调味,出锅盛盘即可。

高汤炖牛腩

⏰ 制作时间 **45分钟**

材料 牛腩、白萝卜各200克,枸杞、高汤各适量

调料 盐3克,生抽10克,葱适量,香菜少许

做法

① 牛腩洗净,切长块;白萝卜洗净,切长块;枸杞洗净;葱洗净,切段;香菜洗净。

② 锅内注高汤,放入牛腩、枸杞焖煮约20分钟,放入白萝卜。

③ 加入盐、生抽一起焖煮至汤沸,撒上葱段、香菜即可。

羊肉

◆功效：

1.开胃消食：羊肉中的烟酸能维持消化系统健康，B族维生素亦能促进食欲。

2.增强免疫力：羊肉中含有丰富的蛋白质，经常食用，能提高免疫力，增加对抗病毒的能力。

3.补血养颜：羊肉含有丰富的铁能预防和治疗贫血，使皮肤恢复良好的血色。

4.防癌抗癌：羊肉中含有称为 CLA 脂肪酸的抗癌物，能抑制癌细胞的生长。对皮肤癌、结肠癌、乳腺癌有明显效果。

食用禁忌

◎羊肉 + 食醋 = 降低营养

羊肉与食醋搭配会削弱两者的食疗作用。肝炎病人忌食。

营养黄金组合

◎羊肉 + 山药 = 健脾止泻

羊肉与山药同食，有健脾止泻、补肺的作用。

白切羊肉

制作时间 20分钟

材料 后腿羊肉300克

调料 酱油、麻油、蒜蓉、味精各适量，姜10克，葱20克，白酒适量

做法

1 羊腿去骨，入沸水中汆透。

2 锅中加入清水、姜、葱、白酒、羊肉，小火慢烧至熟，用大火收汁捞出羊肉，皮朝下，紧压入保鲜盒，加入原汁，冷却后入冰箱急冻。

3 取出羊肉，用利刀切成厚片装盘，用酱油、麻油、味精、蒜蓉制成调料，端上桌即可。

虾酱羊肉

制作时间 20分钟

材料 羊肉400克，虾酱40克，上海青100克

调料 盐3克，醋8克，生抽10克，香油15克

做法

1 羊肉洗净，切长块；上海青洗净，用热水焯熟，排于盘中。

2 锅内注水，下羊肉煮至熟后，捞起装入排有上海青的盘中。

3 用盐、醋、生抽、虾酱、香油调成酱料，食用时蘸酱即可。

糖醋羊肉丸子

制作时间 **25分钟**

材料 羊腿肉300克，鸡蛋、羊肉汤、马蹄各适量

调料 料酒、酱油各25克，盐1克，白糖50克，醋40克，水淀粉、白面粉各10克

做法

1. 羊肉洗净剁碎；马蹄去皮切泥。
2. 鸡蛋打散，加羊肉、马蹄、面粉、盐、料酒、酱油拌匀。
3. 将拌匀的羊肉做成丸子，下油锅炸至金黄色。
4. 将酱油、料酒、白糖、水淀粉、羊肉汤兑汁，倒入锅中搅拌至起泡后，倒入羊肉丸子，加醋颠翻几下，使丸子沾满卤汁，盛盘即可。

羊肉炖萝卜

制作时间 **65分钟**

材料 羊肉500克，白萝卜200克，枸杞少许

调料 盐、胡椒粉、料酒、香菜各适量

做法

1. 羊肉、白萝卜均洗净，切块；香菜洗净，切段。
2. 将羊肉放入锅中，加适量清水，调入盐，用大火烧开，改文火煮1小时。
3. 放入白萝卜煮熟，加入枸杞、盐、香菜、胡椒粉、料酒即可。

脆皮羊肉卷

 制作时间 20分钟

材料 羊肉200克，洋葱少许，鸡蛋2个

调料 盐、孜然各5克，辣椒面4克，面包糠30克，油400克，青椒、红椒各适量

做法

1. 羊肉洗净切粒；洋葱、青椒、红椒洗净切粒。

2. 锅中油烧热，放入羊肉、洋葱、青椒、红椒炒香，加入孜然、辣椒面、盐炒入味，鸡蛋调散入锅煎成蛋皮。

3. 蛋皮平铺，放入羊肉卷起，裹上面包糠入油锅炸至金黄色，取出摆盘即可。

炒烤羊肉

 制作时间 18分钟

材料 羊肉250克，香菜10克，洋葱15克

调料 盐、辣椒面各5克，孜然8克，味精2克

做法

1. 羊肉洗净切片；香菜洗净切段；洋葱洗净切丝，焯熟后垫入平锅底备用。

2. 炒锅注油烧热，放入羊肉片滑散，盛出。

3. 炒锅内留油，放入辣椒面、孜然炒香，加入羊肉片、香菜炒匀。

4. 调入盐、味精炒熟，盛出放在装有洋葱的平锅中即可。

风味羊腿

制作时间 **40分钟**

材料 羊腿1只，蒜片、干辣椒丝、葱丝、香菜段各10克，胡萝卜丝100克

调料 盐5克，味精、鸡精各2克，淀粉适量

做法

① 将羊腿洗净，放入锅中加清水煮熟烂，取出，切块备用。

② 将羊腿块拍上淀粉，放入热油锅中炸至金黄色，捞出备用。

③ 锅内留底油，放入蒜片、干辣椒丝、葱丝炒香，放入胡萝卜丝。

④ 加入盐、味精、鸡精、羊腿块，炒匀入味，撒上香菜段出锅即可。

糊辣羊蹄

制作时间 **30分钟**

材料 羊蹄300克，青、红椒及洋葱各15克

调料 盐、胡椒、料酒、醋、八角、葱末、姜末、蒜末、桂皮各适量

做法

① 羊蹄切块洗净，加沸水、八角、桂皮入高压锅煮10分钟。

② 青、红椒及洋葱洗净切丝。

③ 葱、姜、蒜、青红椒、洋葱炒香，加水、羊蹄，调入盐、胡椒、料酒烧入味。

④ 猛火收汁，调入少许醋炒匀出锅即可。

尖椒爆羊杂

制作时间 15分钟

材料 羊肝、羊肺、羊肚各250克，尖椒50克

调料 盐、味精各3克，生抽、香油各10克

做法

1. 羊肝、羊肺、羊肚治净，切片，入沸水中汆一下。
2. 尖椒洗净，切片。
3. 油锅烧热，下尖椒爆香，入羊肝、羊肺、羊肚炒熟。
4. 下盐、味精、生抽、香油调味，盛盘即可。

双椒炒羊杂

制作时间 20分钟

材料 羊肠、羊肚、羊蹄筋各100克，蒜苗适量

调料 盐3克，酱油10克，青、红椒各30克

做法

1. 羊肠治净，切段；羊肚治净，切丝；羊蹄筋洗净，切块；青、红椒洗净，切条。
2. 油锅烧热，下羊肠、羊肚、羊蹄筋同炒。
3. 调入酱油炒至上色，再放青椒、红椒、蒜苗翻炒片刻。
4. 调入盐，炒匀即可。

干拌羊杂

制作时间 30分钟

材料 羊肝、羊心、羊肺各100克，青红椒片适量

调料 盐3克，醋8克，生抽10克，熟芝麻少许

做法

1. 羊肝、羊心、羊肺洗净，切块；青、红椒洗净，切圈，用热水焯一下。
2. 锅内注水烧热，下羊肝、羊心、羊肺汆熟，沥干并装入盘中，再放入青椒、红椒圈。
3. 盘中加入盐、醋、生抽拌匀，撒上熟芝麻即可。

鸡肉

4. 防癌抗癌：鸡肉营养丰富，能提高人体的抗疲劳能力，增强机体的免疫功能，从而起到防癌抗癌的功效。

◆功效：

1. 增强免疫力：因为鸡肉中含有牛磺酸，可以增加人体免疫细胞，帮助免疫系统识别体内和外来的有害物质。

2. 提神健脑：鸡肉中含有的牛磺酸可发挥抗氧化和解毒作用，促进智力发育。

3. 补血养颜：鸡肉含有钙、磷、铁及丰富的维生素等，有助于补血养颜。

食用禁忌

◎鸡肉 + 李子 = 容易助火热

李子性热，鸡肉温补，二者同食助火热。

营养黄金组合

◎鸡肉 + 百合 + 粳米 = 补气益脾

鸡肉益阴血、补气益脾；百合久蒸能益脾养心；粳米益胃气。三者同食，用于产后虚羸少气、心悸、头昏、少食等，效果颇佳。

鲜果炒鸡丁

⏰ 制作时间 **10分钟**

材料 鸡脯肉350克，木瓜丁、苹果丁、火龙果、哈密瓜丁各100克

调料 白糖、味精、水淀粉、盐、料酒、蛋清、葱末各适量

做法

① 火龙果剖开，挖出果肉切丁。

② 鸡脯肉洗净切丁，加盐和料酒腌渍入味，再加蛋清和水淀粉上浆，用热油将鸡丁滑熟倒出备用。

③ 油烧热，下入葱末爆香，再加入鸡丁和水果丁，放味精、料酒、盐和白糖炒匀，装盘即可。

菠萝鸡丁

⏰ 制作时间 **16分钟**

材料 鸡肉100克，菠萝300克，鸡蛋液适量

调料 酱油、料酒、水淀粉、糖、盐各适量

做法

① 菠萝切成两半，一半去皮，用淡盐水略腌，洗净后切小丁待用；另一半菠萝挖去果肉，留做盛器。

② 鸡肉洗净切丁，加酱油、料酒、鸡蛋液、水淀粉、糖、盐拌匀上浆。

③ 锅中油烧热，放入鸡丁炒至八成熟时，放入菠萝丁炒匀，盛入挖空的菠萝中即可。

盐焗脆皮鸡

⏰ 制作时间 200分钟

材料 鸡1只，沙姜10克，纱纸1张
调料 淮盐100克，粗盐50克
做法

① 将鸡治净，与盐拌匀；沙姜去皮，洗净切末。

② 再用纱纸包住，外围撒上淮盐和沙姜腌上3个小时。

③ 下油将粗盐炒热，把腌好的鸡下入盐锅焖至熟，再取出至鸡皮脆即可。

栗子仔鸡

⏰ 制作时间 15分钟

材料 嫩鸡肉250克，板栗肉100克，葱段适量
调料 麻油、绍酒、酱油、糖、盐、湿淀粉各适量
做法

① 鸡肉拍平切块，用盐、绍酒拌匀，再用湿淀粉上浆；将绍酒、酱油、糖装碗，用湿淀粉调成芡汁。

② 油锅烧热，放入鸡块滑散，倒入板栗肉，等鸡肉转玉白色；放入葱段，倒入芡汁，使芡汁包住鸡块和栗肉，淋上麻油至熟即可。

大漠风沙鸡

⏰ 制作时间 25分钟

材料 鸡1只
调料 酱油、盐、白糖、料酒、蜂蜜、姜片各适量
做法

① 鸡治净，用酱油、盐、白糖、料酒均匀涂抹鸡身，腌1天。

② 将姜片放入鸡肚子里，在鸡表面刷上蜂蜜、酱油调制的味汁。

③ 鸡放入烤箱烤熟，取出晾凉，切块即可。

茶樟鸡

⏰ 制作时间 75分钟

材料 鸡450克，干红椒、姜各少许
调料 丁香、八角、酱油、冰糖、料酒、盐各适量
做法

① 鸡治净，用盐抹于鸡身内外；干红椒洗净，入锅炒热；将干红椒、丁香、八角用纱布扎好入锅，加酱油、冰糖、姜、料酒煮滚，制成卤汁。

② 放入鸡，用中火卤1小时，捞出切块，淋上卤汁。

鸭肉

◆功效：

1. 保肝护肾：常食鸭肉可滋阴补肾。
2. 养心润肺：鸭的脂肪中含有不饱和脂肪酸，能降低血中胆固醇和甘油三酯，同时鸭肉中含有较为丰富的烟酸，对心脏疾病患者有利。
3. 增强免疫力：鸭肉中富含钾元素，能够增强机体的免疫力。
4. 防癌抗癌：鸭肉含有丰富的蛋白质和维生素，能补充人体的营养需要，多吃有防癌抗癌的作用。

食用禁忌

◎鸭肉＋鳖肉＝导致便秘

鸭肉与鳖肉同食，会容易使人产生便秘。

◎鸭肉＋板栗＝易中毒

鸭肉与板栗相克，二者同食容易使人中毒。病中有伤、寒性痛经、胃痛、腹泻患者忌食。

◎鸭肉＋鳖肉＝导致便秘

鸭肉与鳖肉同食，会容易使人产生便秘。

◎鸭肉＋板栗＝易中毒

鸭肉与板栗相克，二者同食容易使人中毒。病中有伤、寒性痛经、胃痛、腹泻患者忌食。

贵妃凤梨醉鸭腿

制作时间 **23分钟**

材料 鸭腿3只，菠萝肉30克

调料 盐2克，白酒适量，番茄酱2克，姜适量

做法

① 鸭腿洗净，抹盐、白酒腌渍片刻；菠萝肉切小块；姜去皮，切丁。

② 将姜丁放到鸭腿上，进锅蒸熟，取出。

③ 菠萝丁摆盘，将番茄酱淋在鸭腿上即可。

吊烧琵琶鸭

制作时间 **100分钟**

材料 鸭500克

调料 盐、糖各5克，五香粉、海鲜酱、脆皮水各适量

做法

① 鸭治净，用盐、糖、五香粉、海鲜酱腌8小时，淋上脆皮水，挂起吹8小时。

② 将鸭置烤炉中，调中火烤40分钟至皮脆，出炉改刀成琵琶形即可。

香汤软烧鸭

 制作时间 **30分钟**

材料 烧鸭、鸭血、凉皮、上海青各200克

调料 葱花10克，姜片10克，红油30克，盐5克，高汤适量

做法

① 上海青洗净，烫熟，装盘；烧鸭切块；鸭血切条汆水；凉皮烫熟与上海青装盘待用。

② 油烧热，放高汤、姜片，分别下烧鸭、鸭血煮开，然后捞起装入放上海青的盘中。

③ 红油加热，放入葱花、盐搅匀，淋入盘中。

脆皮香酥鸭

制作时间 **80分钟**

材料 鸭1只，心里美、胡萝卜、包菜丝各适量

调料 酱油、盐、鸡蛋液、辣椒末各适量

做法

① 鸭治净；鸭肉用酱油、盐腌1小时，切丁，加鸡蛋液拌匀。

② 鸭皮抹油，放上鸭肉，入锅炸至金黄色，沥油盛盘，切小块。

③ 撒上辣椒末，摆上焯过水的心里美萝卜丝、胡萝卜丝、包菜丝即可。

虫草花炖老鸭

 制作时间
35分钟

材料 老鸭200克，枸杞20克，杏仁20克，虫草花5克，百合20克

调料 盐2克

做法

① 老鸭洗净，斩块。

② 虫草花、枸杞、百合、杏仁分别洗净。

③ 锅内放水烧沸，放老鸭肉氽去血水后，捞出。

④ 另起一锅，放鸭肉、虫草花、枸杞、百合，加适量清水一起炖。

⑤ 等肉熟后加盐调味即可。

鸭子炖黄豆

制作时间
60分钟

材料 鸭半只，黄豆200克

调料 上汤750克，盐、味精各适量

做法

① 将鸭洗净斩块；黄豆洗净泡软。

② 鸭块与黄豆一起入锅中过沸水，捞出。

③ 上汤倒入锅中，放入鸭子和黄豆。

④ 炖1小时，调入盐、味精即可。

浓汤八宝鸭

制作时间
180分钟

材料 鸭1只，八宝饭适量，糯米250克，上海青300克

调料 葱末、姜末各5克，绍酒、白胡椒粉、盐各10克

做法

① 将鸭治净，加入葱、姜、绍酒、白胡椒粉、盐腌渍入味，再放入锅中煲2~3小时至熟。

② 上海青入沸水中焯熟备用。

③ 将八宝饭塞入鸭腹中，与上海青一同上碟。

啤酒鸭

制作时间
30分钟

材料 净鸭半只，啤酒1瓶

调料 香菜、红辣椒、葱段、姜片、蒜苗、酱油、蚝油、鸡精、盐、白糖各适量

做法

① 将鸭子洗净切成块，放入加有葱段的沸水中汆去腥味；蒜苗、红辣椒洗净切成片；香菜洗净切段待用。

② 锅中注油烧热，下入姜片、红辣椒爆香，放入鸭肉一起翻炒均匀。

③ 加入盐、啤酒、葱段，加盖焖煮至汤水收干，再加入蒜苗、香菜、酱油、蚝油、鸡精和白糖即可。

红椒爆鸭肠

⏰ 制作时间
15分钟

材料 鸭肠500克，葱丝3克，姜3克，香菜75克，蒜片3克，红椒2个

调料 盐4克，料酒10克，醋5克，味精2克，胡椒粉1克，香油2克

做法

❶ 红椒、姜分别洗净切丝；香菜洗净切段。

❷ 鸭肠洗净，切成5厘米长的段，放入开水锅中稍烫。

❸ 锅上火，注入油，烧至七成热，下入鸭肠过油滑透，捞出沥油。锅留底油，下姜、蒜、红椒炒香，鸭肠回锅，迅速调入调味料、葱丝、香菜，颠锅翻匀，出锅即成。

鹅肉

◆功效：

1. 养心润肺：鹅肉含有镁和卵磷脂，能保持神经系统和心脏的正常工作，同时可起到预防"三高"的作用。
2. 防癌抗癌：鹅肉含有的免疫球蛋白能抑制癌细胞，可防癌抗癌。
3. 补血养颜：鹅肉含有钙、磷、镁、铁等营养素，同时鹅肉中的卵磷脂能分解体内毒素，有补血养颜的功效。

食用禁忌

◎鹅肉＋鸡蛋＝伤元气

鹅肉与鸡蛋同食，容易伤人元气。

◎鹅肉＋柿子＝引起中毒

鹅肉与柿子同食，容易产生毒性物质，引起中毒。

营养黄金组合

◎鹅肉＋芋头＝补虚益气

鹅肉与芋头同食，有补虚益气、和胃生津的功效。

◎鹅肉＋酸菜＝清肺补血

鹅肉与酸菜同食，营养丰富，有着滋阴养胃、清肺补血、开胃利膈的效果。

韭黄炒鹅肉

制作时间 15分钟

材料 鹅脯肉200克，韭黄100克

调料 泡椒、蛋清、盐、淀粉、姜片、红椒丝、水淀粉各适量

做法

1. 鹅肉洗净切丝，加盐、淀粉、蛋清上浆；韭黄洗净切段；泡椒洗净切成丝。
2. 锅内油烧热，下鹅肉丝熘炒熟，盛出。
3. 锅留底油，加姜片、泡椒爆香，放鹅肉、韭黄、红椒丝炒熟，加盐调味，以水淀粉勾芡即可。

泡椒鹅肠

制作时间 14分钟

材料 鹅肠300克，泡椒100克，红椒、蒜、葱各少许

调料 香油、姜各10克，盐5克，生粉5克

做法

1. 将鹅肠洗净后切成段；泡椒切碎；蒜切末；姜切丝；葱切段备用。
2. 鹅肠入沸水煮熟，捞起沥干水分。
3. 锅中油烧热后，下入姜丝、蒜末、泡椒炒香后，下入鹅肠，调入盐，用生粉勾芡，淋入香油即可。

第 8 部分

腊味菜肴

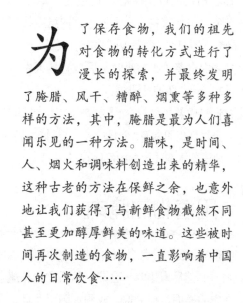

为了保存食物，我们的祖先对食物的转化方式进行了漫长的探索，并最终发明了腌腊、风干、糟醉、烟熏等多种多样的方法，其中，腌腊是最为人们喜闻乐见的一种方法。腊味，是时间、人、烟火和调味料创造出来的精华，这种古老的方法在保鲜之余，也意外地让我们获得了与新鲜食物截然不同甚至更加醇厚鲜美的味道。这些被时间再次制造的食物，一直影响着中国人的日常饮食……

巧做腊味菜

到了春节前，家家户户开始晒腊味。晒的东西有很多，鸡、鸭、鸡胗、猪肝、猪肉、腊肠、豆干等等。到了春节，餐桌上就会有各种各样的腊味菜。我们在收获美食的同时，也收获了浓浓的隆冬暖意。那么，各种腊味菜是如何制作的呢？

腊肉的制作

肥瘦适宜去皮、去骨的鲜猪肉10千克，大小茴香、桂皮、细盐各700克，花椒、胡椒共100克，60度白酒300克，酱油350克，葡萄、糖各50克，白糖400克，冷热水500克。

把大小茴香、花椒、桂皮、胡椒焙干碾细和其他调料拌和，把肉切成4×6×35厘米，放入调料中搓拌，拌好后放入盆中腌制。腌3天后翻一次，再腌4天后捞出，放入洁净的冷水中漂洗，洗好后放在干燥、阴凉、通风处晾干。

以杉、柏锯末或玉米心、花生壳、瓜子壳、棉花、芝麻夹等作熏料。熏火要小，内温度控制在50℃～60℃，烟要浓，每隔4小时翻动1次。

熏到表面全黄（约24小时）后放置10天左右，吊于干燥、通风、阴凉处即成。

让它自然成熟可保存5个月；放在3厘米厚的生石灰坛内密封坛口可保存3个月；装入塑料食品袋中扎紧口，埋于草木灰或粮食中可保存1年以上。

用植物油腌肉

在猪腿肉上面切开几条纹，放到冷却的盐水里浸1天，然后取出晾一会儿，然后拿棉花蘸上菜油，在肉的表面涂抹一遍，放到太阳下面晒，即腌成肉。腌鱼时，只要除去鱼的肠、鳃及鳞，可不用洗，做法同上。

速制咸肉

将需腌制的鸡、鸭、鱼、肉等洗净后用盐擦遍后放在大碗或盆内，再放几粒大料花椒，用面积差不多大小的铁片或石块压上。再另用一个塑料袋将碗或盆包上冷藏，放在冰箱内的抽盒上冷藏，四五天后咸度适宜、又香又可口的咸肉就做好了。

巧存腊肉

存放腊肉时，应先将腊肉晒干或烤干，放在小口坛子里，上面撒少量食盐，再用塑料薄膜把坛口扎紧。随用随取，取后封严。这样保存的腊肉到来年秋天也不会变质变味。

腊 肉

肥肠腊肉

制作时间
20分钟

材料 肥肠、腊肉各100克，土豆50克

调料 葱20克，朝天椒15克，盐、香油各适量

做法

① 肥肠洗净切段；腊肉洗净切块；土豆洗净去皮，切片；葱洗净切段。

② 土豆用沸水烫熟，摆盘。热锅下油，放入朝天椒、葱爆香，放入腊肉和肥肠翻炒。

③ 调入盐、香油，炒熟即可。

乡村腊肉

制作时间
30分钟

材料 腊肉500克，荷兰豆50克，青、红椒各1个

调料 盐、味精各少许

做法

① 将腊肉洗净，放入沸水中煮熟，切片。

② 青、红椒洗净切块。

③ 荷兰豆洗净，焯烫至熟取出。起油锅，放入腊肉、荷兰豆、青红椒一起过油后盛出。

④ 净锅放油，放入滑好的腊肉、荷兰豆、青红椒，加入盐、味精炒入味，起锅即可。

湘蒸腊肉

制作时间
25分钟

材料 腊肉300克

调料 盐、醋、葱、干辣椒、热油、豆豉各适量

做法

① 腊肉洗净蒸熟，切片摆盘；干辣椒洗净切段；豆豉切碎；葱洗净，切段。

② 热锅下油，下入干辣椒、豆豉炒香，再调入盐、醋炒匀，与热油一起均匀倒在腊肉上，撒上葱即可。

极品腊肉

制作时间
28分钟

材料 腊肉500克，豆豉适量

调料 酱油、红油、辣椒、尖椒各适量

做法

① 腊肉泡洗净，切片；辣椒和尖椒洗净，切圈。

② 油锅烧热，下腊肉煸炒，放入豆豉、辣椒和尖椒同炒，加红油和少许酱油调味。

③ 炒至腊肉熟，盛起，围着盘子排放好，将其余的材料盛起放在肉上即可。

野山菌炒腊肉

制作时间
10分钟

材料 腊肉、野山菌各200克

调料 盐3克，鸡精、青椒片、红椒片、生抽各适量

做法

① 将腊肉洗净，切片；野山菌洗净。

② 热锅下油，下入腊肉片翻炒至六成熟，再下入野山菌、青椒片、红椒片同炒至熟，调入盐、鸡精、生抽翻炒均匀即可。

莴笋腊肉

制作时间
20分钟

材料 腊肉200克，莴笋350克

调料 盐、味精、酱油、香油、红辣椒各适量

做法

① 腊肉泡洗净，切片；莴笋去皮，洗净后切长片，放入沸水中焯熟；红辣椒洗净，切圈。

② 油锅烧热，下腊肉煸炒，加少许酱油和红辣椒翻炒至熟，盛起放在盘中。

③ 青笋下锅稍炒，加盐、味精、香油调味，起锅摆放在腊肉周围即可。

腊味四宝

⏰ 制作时间 **15分钟**

材料 腊肉、腊鱼、腊鸭、腊肠各150克

调料 豆豉、红油、辣椒酱、酱油各适量

做法

①腊肉洗净，切片；腊鱼洗净，切条；腊鸭洗净，砍块；腊肠洗净，切片。

②将四种腊味一起装盘，摆好，入锅蒸熟后取出。

③豆豉先入锅炒香，加其他调料调匀，淋在腊味上即可。

山药炒腊肉

⏰ 制作时间 **20分钟**

材料 腊肉200克，山药200克

调料 盐、鸡精、青、红椒条、野山椒各适量

做法

①将腊肉洗净，切片。

②山药洗净，切条。

③热锅下油，下入腊肉片翻炒至六成熟。

④再下入山药条、青椒条、红椒条、野山椒同炒至熟，调入盐、鸡精翻炒均匀即可。

韭菜苔炒咸肉

制作时间 20分钟

材料 韭菜苔300克，咸猪肉200克

调料 姜末、葱蓉、湿淀粉各10克，盐1克，白糖2克

做法

1. 咸猪肉洗净，氽水后入热油略炸，捞出切片。
2. 韭菜苔洗净切段，焯水至七成熟。
3. 将姜末、葱蓉用油爆香，再下韭菜苔、咸肉和其他调味料炒熟。
4. 最后，下淀粉勾芡即可。

三色腊味

制作时间 25分钟

材料 腊肉500克，荷兰豆300克，百合、胡萝卜各50克

调料 盐3克，味精2克，香油适量

做法

1. 腊肉洗净，切片；荷兰豆洗净，切段；胡萝卜洗净，切片；百合洗净备用。
2. 油锅烧热，入腊肉翻炒片刻。
3. 放入荷兰豆、胡萝卜，加盐煸炒，加入百合翻炒均匀。
4. 加入盐、味精炒匀，淋上香油即可。

荷兰豆炒腊味

制作时间 20分钟

材料 荷兰豆250克，腊肉200克

调料 盐5克，味精3克，花雕酒5克，姜5克

做法

1. 荷兰豆择去老筋洗净，切片。
2. 腊肉洗净，切片。
3. 姜去皮，切片。
4. 锅上火，下入腊肉片炒香。
5. 再加入荷兰豆和所有调味料，一起炒匀即可。

腊肉炒蒜薹

⏰ 制作时间
20分钟

材料 腊肉200克，蒜薹150克，干椒10克

调料 盐6克，味精2克，姜5克

做法

① 蒜薹洗净切成段；腊肉洗净切薄片；干椒洗净剪成段；姜洗净切片。

② 油烧热，下入腊肉、蒜薹炸至干香后，捞出沥油。

③ 原锅留油，下入姜片、干椒段炒香，入腊肉、蒜薹一起炒匀，调入盐、味精即可。

一品酥腊肉

⏰ 制作时间
18分钟

材料 腊肉300克，锅巴100克，蒜薹适量

调料 盐、味精、生抽各4克，料酒5克，干红椒适量

做法

① 腊肉洗净，切片。

② 蒜薹洗净，切段，入沸水中汆烫至断生，捞出沥干。

③ 油烧热，下腊肉，入生抽和料酒翻炒至变色，加干红椒、蒜薹和锅巴炒至熟透。

④ 加盐和味精调味，炒匀即可。

冬笋腊肉

制作时间 **8分钟**

材料 冬笋150克，腊肉250克，蒜苗、红椒各50克

调料 盐3克，香油、水淀粉各10克，红油20克

做法

1 冬笋、腊肉洗净切成片；蒜苗洗净切成段；红椒洗净切成片。

2 锅置炉上，将冬笋、腊肉氽水后分别捞起；锅内留油，下腊肉，将腊肉煸香，盛出待用。

3 锅洗净，放油，下冬笋、红椒片，调入盐翻炒。

4 下煸好的腊肉、蒜苗，用水淀粉勾少许芡，淋香油、红油，出锅装盘。

干豆角焖腊肉

制作时间 **12分钟**

材料 腊肉300克，干豆角150克，干辣椒节10克，蒜苗、姜片各适量

调料 花椒粒、糖5克，盐3克，料酒适量

做法

1 腊肉洗净，煮熟后切片；干豆角泡发洗净，切3厘米长的节备用。

2 锅置旺火上，入腊肉爆至吐油后，下姜片、料酒、糖、干豆角、水，中火焖至干豆角熟透。

3 放辣椒、花椒、盐、蒜苗推匀，大火收汁，起锅装盘即可。

干锅烟笋焖腊肉

⏰ 制作时间 **23分钟**

材料 腊肉300克，烟笋150克，芹菜50克

调料 盐2克，红椒圈、香油、红油各少许

做法

① 将腊肉洗净，切片。

② 烟笋洗净，切小片。

③ 芹菜洗净切小段。

④ 炒锅注油烧热，下入红椒爆炒，倒入腊肉煸炒出油，加入烟笋和芹菜同炒至熟。

⑤ 加入水、盐、香油、红油焖入味，起锅倒在干锅中即可。

脆笋炒腊肉

制作时间
23分钟

材料 腊肉300克，干笋200克，青、红椒各10克

调料 盐3克，鸡精1克，料酒5克，葱10克

做法

① 腊肉洗净切片。

② 干笋泡发，洗净，切碎。

③ 青、红椒洗净切块；葱洗净切成段。

④ 锅中倒油烧热，下笋片、腊肉煸炒，加入青椒、红椒、葱炒匀。

⑤ 加入盐、料酒、鸡精入味，炒拌均匀即可。

湘笋炒腊肉

制作时间
25分钟

材料 腊肉400克，竹笋250克，红椒、蒜苗各适量

调料 盐3克，味精1克，姜片15克，红油8克

做法

① 腊肉洗净切片。

② 竹笋洗净，切段。

③ 红椒洗净，切圈；蒜苗洗净，切段备用。

④ 油烧热，加姜片炒香，放入竹笋，加盐、红油翻炒，放入腊肉、红椒炒匀。

⑤ 加入味精炒匀，装盘，撒上蒜苗即可。

苦笋炒腊肉

制作时间
20分钟

材料 腊肉200克，苦笋100克

调料 盐、味精、料酒、红椒、蒜苗各适量

做法

① 腊肉洗净，切片。

② 苦笋焯水后洗净，切片。

③ 红椒洗净，对切。

④ 蒜苗洗净，切段。

⑤ 油锅烧热，入红椒、蒜苗炒香，再入腊肉煸炒至出油，加入苦笋同炒片刻。

⑥ 调入盐、味精、料酒炒匀即可。

苦瓜炒腊肉

制作时间 **22分钟**

材料 苦瓜300克，腊肉150克，红椒段10克

调料 姜丝、蒜末、料酒、淀粉各10克，盐适量

做法

①苦瓜洗净，切片；腊肉洗净切片。

②油烧热，入姜丝、蒜末、红椒段，炒香，再投入腊肉，翻炒一阵，烹入料酒。

③再加入苦瓜片、清水、盐，炒至只剩少许汤汁，勾芡即可。

折耳根炒腊肉

制作时间 **22分钟**

材料 腊肉150克，折耳根80克

调料 盐、鸡精各2克，香油3克，干辣椒、蒜苗各适量

做法

①腊肉治净，煮熟，切片。

②干辣椒洗净，切圈；折耳根洗净切条；蒜苗洗净，切段。

③热锅下油，放入干辣椒、蒜苗炒香，放入腊肉、折耳根同炒至熟。

④调入盐、鸡精炒匀，淋入香油即可。

年糕炒腊肉

制作时间 **22分钟**

材料 腊肉300克，年糕300克，水淀粉适量

调料 盐3克，酱油8克，醋5克，青、红椒各4克

做法

①腊肉洗净，切片，煮软；年糕、红椒、青椒洗净，切片。

②油烧热，放入腊肉片、年糕片、红椒片、青椒片炒至熟。

③出锅时加盐、酱油、醋炒匀，以水淀粉勾芡即可。

干锅腊肉茶树菇

制作时间
17分钟

材料 腊肉400克，茶树菇200克

调料 青椒30克，红椒30克，鸡精适量，蒜15克，盐适量

做法

① 腊肉洗净，入蒸锅蒸熟，取出切片。

② 茶树菇洗净，切片；青椒、红椒洗净切圈；蒜去皮洗净。

③ 炒锅注油烧热，放入腊肉煸炒至八成熟，加入茶树菇同炒，再放入青椒、红椒、蒜炒至入味。

④ 调入盐、鸡精调味，起锅倒在干锅上即可。

胡萝卜干腊肉

⏰ 制作时间 20分钟

材料 胡萝卜200克，腊肉150克，红椒50克

调料 盐2克，鸡精2克，蒜苗10克

做法

① 将胡萝卜、腊肉洗净，切片；红椒洗净，切圈；蒜苗洗净，切段。

② 油烧热，入腊肉片煸炒，备用；锅底留油，加入红椒圈和蒜苗段炒香，倒入胡萝卜片翻炒，再倒入腊肉片一起炒匀。

③ 调入盐和鸡精，起锅装盘即可。

窝头炒腊肉

⏰ 制作时间 18分钟

材料 窝头100克，腊肉200克

调料 盐3克，鸡精、青椒、红椒、蒜苗各适量

做法

① 将窝头切片；腊肉洗净，切片；青椒、红椒洗净，切片；蒜苗洗净，切段。

② 热锅下油，下入腊肉片翻炒至八成熟，再下入窝头片、青椒片、红椒片、蒜苗段同炒至熟，调入盐、鸡精翻炒均匀即可。

蒜薹熏干腊肉

⏰ 制作时间 20分钟

材料 腊肉200克，蒜薹200克，熏干100克

调料 盐3克，鸡精1克，生抽适量

做法

① 将腊肉洗净，切片；蒜薹洗净，切段；熏干洗净，切片。

② 热锅下油，下入腊肉片翻炒至六成熟，再下入熏干片、蒜薹段同炒至熟，调入盐、鸡精、生抽翻炒均匀即可。

酸豆角炒腊肉

⏰ 制作时间 22分钟

材料 腊肉、酸豆角各200克

调料 盐、青椒、红椒、生抽、蒜苗、泡椒各适量

做法

① 将腊肉洗净，切片；酸豆角、蒜苗洗净，切段；青椒、红椒洗净，切片。

② 热锅下油，下入腊肉片翻炒，再入酸豆角段、青椒片、红椒片、蒜苗段、泡椒同炒至熟，调入盐、生抽翻炒均匀即可。

蕨菜炒腊肉

制作时间
20分钟

材料 蕨菜200克，腊肉100克，红椒50克

调料 盐3克，鸡精2克

做法

1 将蕨菜洗净，切段，焯水，沥干待用。

2 腊肉洗净，切薄片；红椒洗净，切长条。

3 油烧热，入腊肉片煸炒至出油，捞出待用。

4 锅底留油，放入蕨菜段爆炒，加入腊肉片和红椒条一起翻炒，加入盐和鸡精即可。

藜蒿炒腊肉

制作时间
17分钟

材料 藜蒿100克，腊肉、红椒、韭菜各适量

调料 盐5克，味精3克，糖2克，蒜末5克

做法

1 红椒、韭菜均洗净，切段。

2 藜蒿洗净，切段。

3 腊肉洗净，切成细丝。

4 将腊肉下锅煸香后铲起待用。

5 锅中下少许油，入蒜末、藜蒿翻炒，倒入韭菜、红椒、腊肉翻炒片刻，再调入盐、味精、糖即可。

腊 肠

彩椒腊肠

⏰ 制作时间 **12分钟**

材料 腊肠、彩椒各300克

调料 盐2克，葱20克

做法

1. 将腊肠洗净，切片。
2. 彩椒洗净切片；葱洗净切段。
3. 腊肠稍烫后捞起，沥干水。
4. 油锅烧热，放入腊肠、彩椒稍炸，捞起沥油。
5. 净锅倒油加热，炒匀腊肠、彩椒和盐，最后撒上葱段即可。

腊肠芥蓝

⏰ 制作时间 **8分钟**

材料 腊肠200克，芥蓝200克

调料 盐2克，味精1克，酱油、红椒、干红辣椒各适量

做法

1. 腊肠泡洗切片；芥蓝洗净斜切段；红椒洗净切片；干红辣椒洗净切段。
2. 油锅烧热，入干红辣椒爆香，再放入腊肠炒至五成熟。
3. 倒入芥蓝、红椒，加盐、味精、酱油调味，炒熟即可装盘。

广式腊肠卷

⏰ 制作时间
20分钟

材料 腊肠200克，面团500克

调料 酱油少许

做法

① 腊肠洗净，切段，入锅翻炒，加少许酱油增味。

② 把面团揉至呈细条，取一腊肠，用细条按顺时针方向缠起来，至完全缠住。

③ 将卷好的腊肠放于案板醒发1小时，后放入蒸笼蒸熟即可。

蒜苗炒腊肠

制作时间
18分钟

材料 蒜苗250克，腊肠200克，红椒100克

调料 盐5克，味精3克，鸡精2克，姜片10克

做法

① 蒜苗叶洗净，切成马耳形。

② 腊肠斜切成片。

③ 红椒洗净，去蒂、去籽，切成片。

④ 锅上火，加油烧热后，下入腊肠片炒至吐油。

⑤ 再加入蒜苗、红椒片、姜片，炒至熟透后，加入盐、味精、鸡精即可。

水煮腊肠

制作时间
30分钟

材料 腊肠500克，干辣椒20克

调料 盐4克，味精1克，酱油10克，红油15克

做法

① 腊肠洗净，切片。

② 干辣椒洗净，切圈。

③ 锅中注油烧热，放入腊肠炒至发白，再放入干辣椒炒匀，注入适量清水。

④ 倒入红油煮至熟，加入盐、味精、酱油调味，起锅装盘即可。

腊 鱼

手撕腊鱼

⏱ **制作时间**
15分钟

材料 腊鱼500克，葱花10克

调料 盐5克，味精3克

做法

① 将腊鱼放入水中浸泡至软后，洗净捞出。

② 锅上火加水烧沸，下入腊鱼蒸至熟软。

③ 将蒸熟的腊鱼取出，待凉后，用手撕成小条，放入盐和味精拌匀，撒上葱花即可。

白辣椒炒腊鱼

⏱ **制作时间**
16分钟

材料 腊鱼200克，白辣椒150克，辣椒10克，姜3克，葱2克

调料 盐2克，料酒10克

做法

① 腊鱼洗净改切成小块；辣椒洗净切小片；姜去皮切成丝；葱洗净切段。

② 白辣椒入沸水煮去咸味，捞出洗净，切碎。

③ 锅上火，加油烧热，下入鱼块，烹入料酒，焖煮2分钟，调入盐，下入白辣椒、辣椒、姜、葱段炒匀即可。

第 9 部分

大众经典
地方菜

"一方水土养活一方人"。家常菜因地理位置、物产、生活习惯和饮食爱好的不同，形成了东南西北中各自风味的不同基础，经过发展，经过提升，蔚成了中式菜的菜系。如清鲜爽口的广东菜，鲜酸香辣的湖南菜，鲜嫩清脆的浙江菜，新鲜活嫩的安徽菜，浓郁酥烂的北京菜……每一个人舌尖上的故乡，构成了整个中国，并且形成一种文化得以世代传承。

广东菜

潮式腌扇沙蚬

制作时间 20分钟

材料 扇沙蚬500克，香菜末、红椒末各20克，葱末、姜末、蒜各5克

调料 酱油5克，鱼露10克，盐5克，味精3克

做法

1. 将扇沙蚬放置清水中，往里加入少许盐。
2. 待其吐尽泥沙放入开水中烫至开口，捞出，装入碗中。
3. 将香菜末、红椒末、姜末、葱末、姜末、蒜蓉和所有调味料一起调成味汁，倒入沙蚬中腌好即可。

潮式盐水虾

制作时间 25分钟

材料 虾1000克

调料 盐、葱、姜、花椒、八角各适量

做法

1. 将虾治净，待用。
2. 葱洗净切段；姜洗净切片。
3. 锅内添清水，放入虾，加调味料煮熟，捞出虾，拣去花椒、八角、葱、姜。
4. 将原汤过滤，放入虾浸泡20分钟，取出摆盘即可。

咕噜肉

制作时间 25分钟

材料 五花肉300克

调料 洋葱片、青椒片、红椒片各40克，番茄酱10克

做法

1. 五花肉洗净，切块，腌渍入味。
2. 五花肉抹上淀粉，入油锅炸至金黄，捞起。
3. 再热油锅，放青、红椒和洋葱同炒。
4. 倒入番茄酱和水煮至黏稠，放入肉块翻炒，使肉块裹上酱汁即可。

避风塘炒牛蛙

⏱ **制作时间** **15分钟**

材料 牛蛙500克，蒜蓉、面包糠各50克，葱段15克

调料 盐1克，糖1克，淀粉、鸡精适量

做法

① 将牛蛙治净，切件。

② 锅上火放入油，将牛蛙拍上适量淀粉，投入锅中炸至金黄色，捞起。

③ 锅内留油，将蒜蓉、葱段爆香，再入面包糠和牛蛙，调入盐、糖、鸡精，翻炒片刻即可。

避风塘炒茄盒

⏱ **制作时间** **25分钟**

材料 茄瓜400克，蒜蓉、猪瘦肉各200克，豆豉10克

调料 蚝油10克，盐3克，味精2克，脆浆150克

做法

① 瘦肉洗净剁泥，调入蚝油、盐、味精搅拌成馅。

② 茄瓜去蒂刨皮切成盒形后，酿入肉馅，抹上脆浆，入油锅炸好备用。

③ 蒜蓉放入油锅炸成金黄色。

④ 油烧热，入豆豉、茄盒，炒匀入味即成。

陕北酱骨头

制作时间
70分钟

材料 猪大骨1000克

调料 桂皮、八角各5克，大葱丝、姜片、白糖、料酒、酱油、香叶、盐各适量

做法

1. 猪大骨洗净，置锅中加水没过骨头，放入八角、桂皮、香叶、料酒、酱油和白糖。

2. 用大火烧至汤开后打净浮沫，加入盐和姜片。

3. 转中小火加盖焖煮约1小时。

4. 待汤汁浓稠时装盘，撒上大葱丝即可。

湖 南 菜

湘西小炒肉

⏰ 制作时间 **15分钟**

材料 猪肉200克，辣椒、豆瓣酱、姜、蒜各适量
调料 味精、糖、生抽、淀粉、蚝油各10克
做法
① 猪肉洗净切片，放入调味料腌渍好；辣椒洗净切片。
② 姜洗净切丝；蒜去皮剁蓉。
③ 油烧热，爆香姜、蒜、辣椒，再入豆瓣酱炒香。
④ 再放入猪肉炒至熟，入调味料，用淀粉勾芡即可。

湘西风吹肝

⏰ 制作时间 **15分钟**

材料 风干猪肝1个，干辣椒10克，蒜苗30克
调料 盐4克，红油、蚝油各10克
做法
① 风干的猪肝洗净切片，氽水。
② 干辣椒洗净，切段。
③ 蒜苗洗净，切段。
④ 锅上火，加油烧热，放入猪肝稍炒，加入干辣椒、蒜苗炒香，调入调味料炒匀即可。

湘味火焙鱼

⏰ 制作时间 **17分钟**

材料 小鱼400克，蒜薹120克，红椒30克
调料 盐、辣椒粉、香油各适量
做法
① 将小鱼治净，沥干水分；蒜薹洗净，切碎；红椒洗净，切圈。
② 油烧热，将小鱼入七成油温中炸至酥软。
③ 锅中留油，放入红椒圈、蒜薹炒香，下入炸好的小鱼稍炒。
④ 加入调味料调味即可。

湘间小炒

制作时间
22分钟

材料 荷兰豆300克，百合、油炸花生米、芹菜、胡萝卜各100克

调料 红椒块30克，味精1克，盐3克，香油5克

做法

① 荷兰豆去老筋，洗净，折成段。

② 百合洗净，入开水焯烫后捞出。

③ 芹菜洗净，切成斜段；胡萝卜去皮，洗净，切小片。

④ 锅倒油烧热，倒入荷兰豆、芹菜、胡萝卜片、红椒块、百合、油炸花生炒匀。

⑤ 加入味精、盐，烹炒，出锅前淋入香油即可。

醴陵小炒肉

制作时间
15分钟

材料 猪里脊肉300克，五花肉100克

调料 豆瓣酱15克，盐、味精各2克，酱油、红椒、芹菜各适量

做法

① 猪里脊肉、五花肉、红椒洗净切片，猪里脊肉用酱油腌渍；芹菜洗净切段。

② 热锅上油，放入五花肉炒至出油，放入猪里脊肉、芹菜、红椒。

③ 加豆瓣酱大火翻炒至熟，再调入味精、酱油、盐，出锅盛盘即可。

四川菜

眉州辣子

⏰ 制作时间 **17分钟**

材料 猪肉350克，干红辣椒50克

调料 盐3克，白芝麻10克，鸡精、酱油、醋各适量

做法

1. 猪肉洗净，切块。

2. 干红辣椒洗净，切段。

3. 起油锅，入干红辣椒、白芝麻炒香，再放入猪肉一起煸炒。

4. 加盐、鸡精、酱油、醋调味，炒熟装盘即可。

眉州香肠

⏰ 制作时间 **20分钟**

材料 香肠350克

调料 大蒜30克，红油、辣椒酱各适量

做法

1. 香肠洗净，切片。

2. 大蒜去皮，洗净剁成蒜蓉，和红油、辣椒酱置于同一容器，搅拌均匀，备用。

3. 将搅拌好的酱料倒在香肠上，搅拌均匀后摆盘，入蒸锅蒸熟即可。

眉州东坡肘子

⏰ 制作时间 **200分钟**

材料 猪肘子500克

调料 葱15克，红椒、姜各10克，绍酒、盐各适量

做法

1. 葱洗净切末；红椒洗净剁碎；姜洗净切末。

2. 猪肘子刮洗干净，顺骨缝滑切一刀，放入锅中煮透，捞出剔去肘骨。

3. 把猪肘子放入砂锅中，放入大量葱姜末和绍酒烧开，小火将猪肘子炖熟。

4. 起锅放入盐、红椒粒即可。

巴蜀飘香鸡

制作时间
20分钟

材料 鸡脯肉300克，土豆200克，红、青椒丁各20克

调料 盐3克，酱油、孜然、白芝麻、干椒各10克

做法

① 鸡脯肉洗净，切丁。

② 土豆洗净，去皮切丁。

③ 孜然、白芝麻分别洗净，沥干。

④ 锅中倒油烧热，下入土豆丁炒至表皮略焦，再倒入鸡丁炒熟，加盐和酱油调味。

⑤ 倒入青椒丁、红椒丁、干椒丁炒入味，最后加入孜然和白芝麻炒匀即可。

山城辣子鸡

制作时间
25分钟

材料 鸡翅300克

调料 盐6克，味精3克，花雕酒8克，花椒油10克，干辣椒20克，姜、蒜各3克

做法

① 鸡翅洗净，切成小块。

② 干辣椒用水稍洗。

③ 姜、蒜洗净切末。

④ 油烧热，下入鸡肉块炸至金黄色后捞出。

⑤ 原锅留油，炒香干辣椒和姜、蒜末，下入鸡块、调味料，炒至鸡块入味即可。

麻花仔兔

⏰ 制作时间 20分钟

材料 带皮仔兔1只，小麻花50克，菜心50克

调料 泡红椒10克，干辣椒8克，郫县豆瓣适量、盐5克、料酒、淀粉、大蒜、姜各5克

做法

① 蒜、姜洗净，切末；将仔兔宰杀洗净，斩成条，用盐、蒜、姜、料酒、淀粉腌入味，过油，待用；菜心洗净焯水。

② 锅至火上，放油，加入泡红椒等调味料烧至仔兔熟烂。

③ 将兔装入盘中，用菜心、小麻花围边点缀。

川味牛腱

⏰ 制作时间 14分钟

材料 牛腱肉400克，花生米30克，白芝麻20克

调料 盐、料酒、酱油、红油、卤水、葱各适量

做法

① 牛腱肉洗净，氽水后捞出；葱洗净，切花。

② 锅中加入卤水烧开，放入牛腱肉卤熟透后取出，切片，摆入盘中。

③ 油锅烧热，入花生米、白芝麻炒香，调入盐、料酒、酱油、红油拌匀，加入适量卤汁烧开，起锅淋在牛腱片上，撒上葱花即可。

川式风味排骨

⏰ 制作时间 15分钟

材料 猪排骨500克，红辣椒30克，白芝麻10克

调料 盐3克，姜、葱各10克，生抽、红油各适量

做法

① 猪排洗净斩段，氽水；红辣椒洗净切丁；葱洗净切花；姜去皮洗净切末。

② 锅下油烧热，下姜、白芝麻爆香，放入猪排翻炒片刻，加适量水焖煮片刻。

③ 加入红辣椒一起炒，调入盐、生抽、红油后炒熟装盘，撒上葱花即可。

歪嘴兔头

⏰ 制作时间 15分钟

材料 兔头500克，榨菜、白芝麻、干辣椒各适量

调料 盐3克，酱油20克，料酒10克，葱白少许

做法

① 兔头治净，切块；榨菜洗净；葱白洗净，切段；干辣椒洗净，切圈。

② 干辣椒炒香，兔头下锅翻炒，再放入榨菜、葱白、白芝麻炒匀。

③ 注入适量清水，倒入酱油、料酒炒至熟，调入盐拌匀，起锅装盘。

井冈山豆皮

⏱ 制作时间 **15分钟**

材料 豆皮50克，瘦肉末10克

调料 葱花5克，盐、蒜蓉、白糖、红椒各适量

做法

① 豆皮洗净，切大块。

② 红椒洗净，切丁。

③ 下豆皮入油锅中炸好，铲起待用。

④ 锅留少许油，将蒜蓉、肉末煸炒，下料酒，加10克水，再倒入豆皮、红椒，加盐、白糖翻炒匀。

⑤ 起锅后撒上葱花即成。

新疆菜

新疆大盘鸡

⏰ 制作时间 **25分钟**

材料 鸡1只，土豆500克

调料 花椒5克，盐5克，白糖少许，干辣椒、蒜、姜、葱各10克

做法

① 鸡治净，斩块。

② 葱、姜、蒜洗净，切片。

③ 土豆洗净，切块。

④ 油锅烧热，放入鸡块，调入白糖上色，加入土豆、干辣椒炒香。

⑤ 加少许水，放入姜、葱、蒜及调味料，炖至熟，猛火收汁即可。

徽式双冬

制作时间 **15分钟**

材料 上海青30克，冬笋250克，冬菇150克，火腿10克

调料 盐5克，味精5克

做法

① 上海青洗净改刀，一分为二。

② 冬笋洗净改刀为片。

③ 冬菇洗净去蒂；火腿切块。

④ 改刀以后的原料放在一起焯水，然后入油锅，加入冬菇、火腿爆炒。

⑤ 起锅前加调味料入味即可。

乌椒野山菌

制作时间 **17分钟**

材料 茶树菇500克，乌椒100克

调料 盐4克，味精2克，鸡精2克，蚝油10克，姜10克，葱10克

做法

① 将乌椒去蒂、去籽切片；姜去皮切成片；葱择洗干净切段。

② 茶树菇泡发洗净，放入沸水中稍烫，捞出沥干水分备用。

③ 锅上火，加油烧热，放入乌椒、姜片、葱段炒香，再放入茶树菇。

④ 调入味精、鸡精、蚝油，炒匀入味即成。

北京菜

京式爆海参

⏰ 制作时间 **20分钟**

材料 海参100克，蒜20克，干葱20克

调料 盐、糖、鸡精各50克，淀粉100克

做法

1. 海参洗净切片，蒜去皮切片，干葱洗净。
2. 水烧开放入海参片焯烫，捞出沥干水分。
3. 蒜片放入烧热的油锅里炸干，取出。
4. 锅中留少许油放入干葱、海参片、蒜片，调入盐、糖、鸡精炒匀，用淀粉打芡，即可上碟。

北京爆肚

⏰ 制作时间 **20分钟**

材料 北京鲜毛肚200克，香菜10克

调料 盐3克，香油、芝麻酱、腐乳、白糖各5克

做法

1. 将毛肚洗净切成细丝；香菜洗净摆入盘底。
2. 将调味料放在同一碗内，调成味汁。
3. 锅中注入水烧开，放入毛肚焯熟，捞出沥水。
4. 将焯熟的毛肚放在垫有香菜的盘中，淋上味汁即可。

酱羊肉

⏰ 制作时间 **200分钟**

材料 羊肉1000克，白萝卜块500克，小红枣25克

调料 干黄酱250克，盐75克，大料面20克，料酒50克，桂皮、丁香、砂仁各5克

做法

① 将羊肉洗净，入冷水中浸约4个小时，取出过水，再将羊肉放入锅中，加水没过羊肉，下入白萝卜，旺火烧开，断血即可捞出，洗净血污。

② 将捞出的羊肉切成大块，交叉放在锅内。锅置火上，放水没过羊肉，再下入干黄酱、盐，旺火烧开，撇净浮沫，下入大料面、桂皮、丁香、砂仁、料酒、小红枣等调配料，改用小火焖煮3个小时左右。

③ 煮至羊肉酥烂时出锅，晾凉，切片，装入盘中即可。

京扒茄子

⏰ 制作时间 **10分钟**

材料 茄子300克

调料 盐、豆瓣酱适量，红椒、蒜、香菜各适量

做法

① 将茄子洗净，切片。

② 红椒、蒜洗净，切碎。

③ 香菜洗净，切段。

④ 锅中倒适量油烧热，放入茄子稍炸，捞起。

⑤ 锅中留油，放入蒜末、红椒爆香，下入茄子，调入豆瓣酱、盐，炒熟，出锅前撒上香菜即可。

福建菜

福建炒笋片

⏰ 制作时间 **25分钟**

材料 冬笋100克，猪肉200克

调料 辣椒片少许，盐3克，味精2克，酱油5克，蚝油6克，淀粉少许

做法

① 将冬笋去壳，洗净，切成片。

② 猪肉洗净，切片，加盐和淀粉腌渍。

③ 锅中加水，笋片焯去异味后，捞出沥干。

④ 锅中加油烧热，下入猪肉片炒至变白后加入笋片、辣椒，一起炒熟。

⑤ 再加盐、味精、酱油、蚝油调味即可。

同安封肉

⏰ 制作时间 **60分钟**

材料 五花肉100克，香菇、虾仁、干贝、鱿鱼丝各适量

调料 糖、酱油、排骨酱、盐、高汤各适量

做法

① 五花肉洗净，切成方块，再刻上十字花刀。

② 油烧热，放入肉块炸至肉皮微黄，放入所有调味料，将肉块卤至入味。

③ 在圆盆里放入洗净的香菇、虾仁、干贝、鱿鱼丝，将卤好的肉扣在上面，上蒸笼蒸至酥烂即可。

酸菜木耳鸡蛋

⏰ 制作时间
15分钟

材料 火腿50克，鸡蛋3个，木耳10克，酸菜15克，葱2棵

调料 盐2克，味精1克，香油5克，姜5克

做法

1. 火腿切角；木耳泡发切角；酸菜洗净切角；葱洗净切花，姜去皮洗净切末。

2. 将鸡蛋打入碗里，调入盐、味精搅拌均匀，倒入已烧热的油锅里，煎熟取出，切成角状。

3. 锅置火上，注入油烧热，爆香姜末、葱末。倒入火腿、木耳、酸菜炒香。加入蛋角，调入少许盐、味精、香油炒匀，出锅装盘即可。

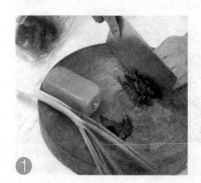

哈尔滨红肠

制作时间
45分钟

材料 猪瘦肉500克，肥肉50克，肠衣5根

调料 食用香精5克，盐4克，味精2克，料酒3克

做法

1 猪瘦肉和肥肉均洗净剁成泥，加入食用香精、盐、味精、料酒拌匀，腌渍30分钟。

2 肠衣用水泡发，把腌渍好的肉馅塞入肠衣，扎紧衣口，风干。

3 将风干的红肠用炭火烤熟，取出切片，装盘即可。

杀猪烩菜

制作时间
20分钟

材料 五花肉300克，血肠200克，酸菜各适量

调料 葱、盐、味精各适量

做法

1 五花肉、血肠洗净切片；酸菜洗净切片；葱治净，切花。

2 将肉放入锅中，加水和盐、味精煮出香味。

3 再加入酸菜煮5分钟，下入切好片的血肠。

4 撒上葱花即可食用。

炖排骨

⏰ 制作时间
60分钟

材料 牛排400克，香菇10克，白萝卜100克，胡萝卜70克，栗子60克，红枣16克，银杏16克，松子3.5克，鸡蛋60克

调料 酱油36克，糖12克，蜂蜜6克，梨汁50克，葱末14克，蒜泥8克，清酒5克，芝麻油13克

做法

① 牛排切段，入水中浸泡，划出刀纹。

② 香菇浸泡在水里1小时左右，沥水切块；白萝卜与胡萝卜均洗净，切块；栗子去皮，红枣洗净；热锅入油，放入银杏翻炒一会儿，捞出去皮。

③ 松子去壳洗净；煎黄白蛋皮，切成菱形；酱油、糖、蜂蜜、梨汁、葱末、蒜泥、清酒、芝麻油混匀成调味酱料。

④ 锅中入水，大火煮3分钟，沸腾时放入牛排，余烫后用水冲洗。

⑤ 锅里再放入水与牛排，大火煮沸，转中火续煮20分钟左右，将牛排捞出来，肉汤凉一会儿后用棉布过滤备用。

⑥ 锅里放入牛排与二分之一的调味酱料，倒入肉汤汁煮沸，转中火续炖20分钟左右。

⑦ 牛排煮熟，汤熬干一半时，放入香菇、白萝卜、栗子，再放剩余的调味酱料、胡萝卜煮沸，最后放入红枣、银杏、松子，边淋上汤边煮3分钟。

⑧ 肉汤汁快要熬干时，将白萝卜捞出来，放入芝麻油均匀搅拌，装盘即可。

山东菜

九卷大肠

制作时间
30分钟

材料 大肠300克，黄瓜100克
调料 辣汁200克
做法

1. 大肠洗净，切圈。

2. 黄瓜洗净切圈，掏空。

3. 将大肠卷放入掏空的黄瓜中，放入锅中煮20分钟。

4. 起锅前淋上辣汁，小火再煮10分钟即可。

云南菜

枸杞汽锅鸡

⏱ 制作时间 **45分钟**

材料 枸杞20克，乌鸡100克，红枣、生姜各适量

调料 盐5克，鸡精5克，花雕酒10克

做法

① 乌鸡洗净斩块；枸杞洗净泡发。

② 生姜洗净，切片。

③ 锅内注水烧开，放乌鸡块焯烫，捞出。

④ 将所有材料和调味料放入盅内，入蒸锅蒸30分钟，至乌鸡熟烂入味，即可食用。

妥甸炒水鱼

⏱ 制作时间 **30分钟**

材料 水鱼1条，姜10克，蒜15克，水豆豉20克

调料 盐、花雕酒、辣椒酱、妥甸酱油各适量

做法

① 水鱼治净剁块；蒜去皮切粒；姜去皮洗净切片。

② 锅中注油烧热，下入姜片、蒜粒和水鱼块滑油，捞出沥干油分。

③ 锅中留少许油，爆香辣椒酱和水豆豉，再加入炸好的原材料炒匀。

④ 最后，调入盐、花雕酒和酱油炒入味，装盘即可。

红三剁

⏱ 制作时间 **25分钟**

材料 西红柿、青椒、猪肉各80克

调料 料酒10克，盐、鸡精各3克，姜粉适量

做法

① 猪肉洗净，剁碎，加入姜粉拌匀；西红柿洗净，剁碎；青椒洗净，去籽后剁碎。

② 锅内放油，放入西红柿和青椒，再将肉末平铺在菜上。

③ 盖盖待锅边冒出蒸汽后，开盖翻炒片刻，调入盐、鸡精、料酒，出锅即可。

内蒙古菜

手抓肉

⏰ 制作时间 **20分钟**

材料 羊肉500克，洋葱15克，胡萝卜20克，香菜10克

调料 盐5克，花椒粒5克

做法

① 羊肉洗净切块；洋葱洗净切片；胡萝卜洗净切块；香菜洗净切末。

② 锅中水烧开，放入羊肉块焯烫捞出。锅中换干净水烧开，放入盐、花椒、洋葱、胡萝卜、羊肉煮熟。

③ 出锅前加入香菜末即可。

台湾菜

台湾小炒

⏱ **制作时间**
23分钟

材料 猪肉、香干各150克，芹菜、黄瓜各适量

调料 盐3克，鸡精2克，红椒、酱油各适量

做法

① 猪肉洗净切丝；香干、红椒洗净切条；芹菜洗净

切段；黄瓜洗净切片。

② 油烧热，放入猪肉，加入酱油炒至变色，下香干、黄瓜、芹菜和红椒炒至熟。

③ 加入盐和鸡精调味，炒匀装盘即可。

　　一道色、香、味、形俱全的家常
菜品，不仅可以在朋友聚会中让你大
显身手，还可以增进朋友之间的感情。